中山出版
ZHONGSHAN PUBLISHING
香山承文脉 好书读百年

中山市林业有害生物
生态图鉴

Ecological Illustrated Field Guide of
Forestry Harmful Organisms in Zhongshan

陈志云等　主编

SPM
南方出版传媒
广东人民出版社
·广州·

图书在版编目（CIP）数据

中山市林业有害生物生态图鉴/陈志云等主编. — 广州 ： 广东人民
出版社，2018.11

ISBN 978-7-218-13236-5

Ⅰ.①中… Ⅱ.①陈…Ⅲ.①森林害虫－中山－图集Ⅳ.①S763.3-64

中国版本图书馆CIP数据核字(2018)第252358号

ZHONGSHAN SHI LINYE YOUHAI SHENGWU SHENGTAI TUJIAN

中山市林业有害生物生态图鉴

陈志云等　主编

出 版 人：肖风华

责任编辑：李锐锋　吴可量
装帧设计：吴可量
封面设计：蓝美华

统　　筹：广东人民出版社中山出版有限公司
执　　行：何腾江　吕斯敏
地　　址：中山市中山五路 1 号中山日报社 8 楼（邮编：528403）
电　　话：（0760）89882926　　（0760）89882925

出版发行：广东人民出版社
地　　址：广州市大沙头四马路 10 号（邮编：510102）
电　　话：（020）83798714（总编室）
传　　真：（020）83780199
网　　址：http：//www.gdpph.com
印　　刷：广东信源彩色印务有限公司
开　　本：787 毫米 ×1092 毫米　　1/16
印　　张：21.5　　　　字　　数：300 千
版　　次：2018 年 11 月第 1 版　2018 年 11 月第 1 次印刷
定　　价：98.00 元

如发现印装质量问题影响阅读，请与出版社（0760—89882925）联系调换。
售书热线：（0760）88367862　　邮购：（0760）89882925

《中山市林业有害生物生态图鉴》编委会名单

主　编：陈志云[1]　　王　玲[1]　　徐家雄[2]　　李东文[1]

编　委：邱焕秀[2]　　徐　玥[2]　　林　欣[2]　　林柳凤[2]

　　　　莫　羡[1]　　卓剑卿[1]　　孔达卿[1]　　李丽影[1]

　　　　高冬青[1]　　莫了晴[2]　　李嘉琴[2]　　刘嘉巧[2]

（1．中山市林业有害生物防治检疫站，2．广东省林业科学研究院）

序 言

中山市位于我国南亚热带地区，区域内地形复杂，森林类型多样，水热条件优越，森林植物繁茂，昆虫区系丰富。随着改革开放、对外经济交流增加，林业外来有害生物的入侵以及国内林业有害生物传播扩散的机率增加。

近年来，我国林业有害生物年均发生面积达 1187 万公顷，年均经济损失和生态服务价值损失超过 1100 亿元。目前我国发生的最危险的森林病虫害，都是外来有害生物，每年外来生物引发的森林病虫害面积约 130 多万公顷，每年因此而减少林木生长量超过 1700 万立方米，危害严重，防治难度大；已传入的入侵物种继续扩散危害，新的危险性入侵物种不断出现并构成潜在威胁。

2003～2006 年，国家组织第二次全国范围的林业森林病虫害普查工作，至今已经十多年，根据《植物检疫条例》的有关规定，国家林业与草原局于 2014 年在全国部署开展了第三次林业有害生物普查工作。中山市通过这次林业有害生物普查工作，掌握全市林业有害生物发生危害情况，编辑了 158 种林业有害生物资料，为新形势下林业有害生物防治工作提供科学依据。

本专著图文并茂，通俗易懂，实用性强。不仅可为昆虫学者提供参考，还可以成为林业工作者、林业生产经营者在工作或生产过程的"字典"，也是林业科普宣传的一本教材。因此，我乐意将《中山市林业有害生物生态图鉴》一书推荐给广大读者。

中国科学院院士

中国林业科学研究院研究员

2018 年 11 月 21 日于北京

1

前　言

中山市位于富饶美丽的珠江三角洲，是孙中山先生的出身地，是一处备受全国人民与海外侨胞关注的地方。全市森林覆盖率为 19.46%，林木绿化率达 25.95%。全市森林类型多样，水热条件优越，植物繁茂，林业有害生物较多，昆虫天敌资源也较丰富。近年随着改革开放、对外经济交流的增加，林业外来有害生物的入侵以及国内林业有害生物扩散的机率增加，这是其一；其二是中山市红木家具生产和贸易的企业众多，商品生产规模正在不断扩大，国内与国际贸易发展迅速，商品材需要量加大。为适应形势需要，必须创新发展林业生产以满足生产上的需要，同时急需解决影响林业发展的有害生物的问题。

根据《国家林业局关于开展林业有害生物普查工作的通知》（林造发〔2014〕36 号）和《广东省林业厅关于印发全省林业有害生物普查工作实施方案的通知》（粤林函〔2014〕372 号）的要求，中山市林业局高度重视第三次全国林业有害生物普查工作，成立了由分管领导为组长的普查工作领导小组，组织协调、部署推进普查工作。以中山市林业有害生物防治检疫站为主导，编制了普查工作实施方案和普查技术要求，并筹集普查资金 40 万元，通过公开招标采购，向广东省林业科学研究院购买开展普查的服务。

2015 年 10 月至 2016 年 8 月，"中山市林业有害生物普查"项目组采用踏查和标准地调查相结合的方法，分六条踏查线路对全市 25 个镇（区）的有林地、苗圃、木材加工厂（场）等进行了普查，并对采集的林业有害生物进行饲养（害虫）或培养（病原体）、鉴定，在 57 种森林植物上共发现有害生物 174 种。此次普查基本摸清了中山市林业有害生物的主要种类和分布范围，掌握了危险性有害生物的发生情况和潜在风险，确定了未来有害生物的防治重点，为"十三五"林业有害生物防治提供了重要基础数据和技术保障。

2016 年广东省林业厅对全省第三次全国林业有害生物普查工作完成情况进行了核查，并发文《广东省林业厅关于全省第三次全国林业有害生物普查工作完成情况的通报》（粤林函〔2017〕226 号）对核查结果进行通报，中山市核查得分在 90 分以上，核查结果为"优秀"。

为全面梳理汇编中山市在第三次全国林业有害生物普查的成果，加快普查成果推广应用，"中山市林业有害生物普查"项目组对中山市林业有害生物普查结果进行撰写及多次修改，编制成《中山市林业有害生物生态图鉴》一书。该书汇集了中山主要林业有害生物158种，其中害虫147种，有害植物4种，病害7种。我们对上述有害生物的形态特征、生物学特性、危害寄主、危害症状、防治方法作了较为全面的描述，并配有彩色照片500张，达到图文并茂。希望本工具书对林业工作者识别林业有害生物及防治工作有所帮助。

在野外调查和编写过程中，得到中山市各镇区农业和农村工作局（林业站）等林业工作部门和个人的大力支持和协助；在审稿过程中，中国林业科学研究院热带林业研究所顾茂彬研究员，华南农业大学李奕震副教授提出了许多宝贵的修改意见。在此一并表示由衷的谢意！

由于编者水平所限，不足之处在所难免，希望读者给予批评指正。

编 者

2018 年 11 月 30 日

目 录

种类识别

黄脊竹蝗 （中文别名：竹蝗、蝗虫、飞蝗）

Ceracris kiangsu Tsai

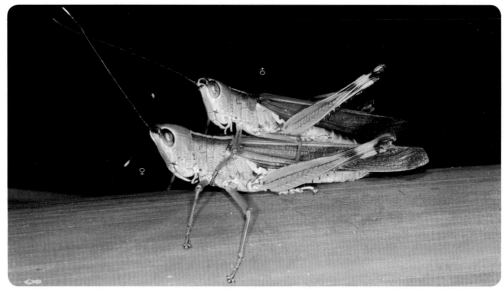

黄脊竹蝗雌雄成虫

成虫： 雌虫体长 31 ～ 40 毫米；翅长 30 ～ 33 毫米。雄虫体长 29 ～ 35 毫米，翅长 24 ～ 25 毫米。身体主要为绿色。额顶突出呈三角形。由额顶至前胸背板中央有一显著的黄色纵纹。触角末端淡黄色。前翅暗褐色。后足腿节黄色，间有黑色斑点，两侧有"人"字形沟纹；胫节表面黑绿色，具两排棘，棘基部浅黄色，端部深黑色。腹部背面紫黑色，腹面黄色。**卵：** 长椭圆形，稍弯曲，一端稍尖。长 6 ～ 8 毫米，宽 2 ～ 2.5 毫米。赭黄色，有蜂巢状网纹。**若虫：** 称跳蝻，共 5 龄。

黄脊竹蝗卵块

黄脊竹蝗 1 龄跳蝻

生物学特性：一年发生1代，以卵越冬，越冬卵于5月初开始孵化，5月中下旬为孵化盛期，6月底孵化完毕。喜尿及腐臭东西。

危害寄主：毛竹、青皮竹、淡竹、刚竹等，也危害水稻、玉米等。

危害症状：大发生时，将竹叶吃尽，如同火烧一般。新竹被害即枯死，老竹被害后2～3年内不发新笋。被害竹的竹竿内往往积水，不能利用。

防治方法：① **人工防治：**挖卵，竹蝗产卵集中，可于11月发动群众至产卵多的地点挖卵块。② **诱杀：**用100千克尿液中加入2～3千克浓度为5%美曲膦酯粉拌匀，再用稻草浸透，在竹林中放数堆诱杀，效果较好。③ **生物防治：**a．2%阿维·苏云金杆菌可湿性粉剂1000倍液喷雾。b．早春低温高湿时释放白僵菌防治。④ **化学防治：**a．25%灭幼脲可湿性粉剂1000～1500倍液喷雾；b．在跳蝗上竹时（3龄以上上竹后），对密度较大的竹林，使用3%美曲膦酯粉20～30千克喷撒；或在露水干后用50%马拉硫磷乳油800～1000倍液喷雾；或40%杀虫净（哒嗪硫磷）乳油进行超低容量喷雾。c．跳蝗出土10天内（1～3龄上竹前），于早上露水未干前使用3%美曲膦酯粉喷撒，每公顷使用药20～30千克，或25%灭幼脲可湿性粉剂1000～1500倍液喷雾防治。d．清晨或傍晚使用1.2%烟碱·苦参碱乳油、或1%苦参碱可溶性液剂（喷烟型）、或1.8%阿维菌素乳油，使用6HYB-25BI背负式直管烟雾机进行烟雾防治，二种苦参碱药剂使用量为1∶9，阿维菌素药剂使用量为1∶40。

黄脊竹蝗成虫

青脊竹蝗 （中文别名：草绿蚱蜢，青脊角蝗，青草蜢）

Ceracris nigricornis Walker

青脊竹蝗成虫

成虫：青绿色，身体背部具纵贯体背的绿色带纹。雌虫体长 25 ~ 38 毫米，雄虫体长 18 ~ 25 毫米。前翅发达，长度明显超过后足腿节顶端。前翅臀域绿色，其余部位褐色。后足腿节褐色，膝黑色，具淡色膝前环；后足胫节淡青蓝色，基部黑色，近基部为淡色环。**卵：**淡黄褐色。长椭圆形。长 5 ~ 7 毫米，宽 1.2 ~ 2 毫米。卵囊圆筒形。长 14 ~ 18 毫米，宽 5 ~ 8 毫米。**若虫：**体长 9 ~ 31 毫米。初孵若虫胸腹背面黄白色，无黑色斑纹，体色黄白与黄褐相间，是与黄脊竹蝗的明显区别。2 龄若虫翅芽显见。

青脊竹蝗成虫

生物学特性：一年发生1代，以卵越冬。在广东越冬卵于4月下旬孵化，5月中旬至6月中旬为孵化盛期。成虫6月底至7月初始见，7月下旬为羽化盛期；9～11月为产卵盛期。雌虫喜择近水向阳斜坡环境产卵于土中。幼龄若虫喜食禾本科植物及其他杂草，主要以大龄若虫和成虫危害竹类。适生环境为竹林光照好，近林缘或路边的区域。喜尿及腐臭东西。

危害寄主：刚竹、毛竹、淡竹等竹类，是竹类的主要害虫，在食料缺乏时，可危害水稻、玉米、高粱等农作物。

危害症状：群集啮食竹叶，被害竹叶缘呈钝齿状缺刻。影响竹子正常生长，严重时致竹子枯死。

防治方法：① **人工防治**：挖卵，竹蝗产卵集中，11月发动群众挖卵块。② **诱杀**：使用100千克尿液中加入2～3千克5%美曲膦酯粉拌匀，再用稻草浸透，在竹林中放数堆诱杀。③ **生物防治**：a．2%阿维·苏云金杆菌可湿性粉剂1000倍液喷雾；b．早春低温高湿时释放白僵菌防治。④ **化学防治**：a．跳蝗出土10天内，于早上露水未干前使用3%美曲膦酯粉喷撒；或25%灭幼脲可湿性粉剂1000～1500倍液；b．跳蝗上竹后，对密度较大的竹林，使用3%美曲膦酯粉喷撒；或在露水干后使用50%马拉硫磷800～1000倍液喷雾；或40%杀虫净（哒嗪硫磷）乳油进行超低容量喷雾。c．清晨或傍晚使用1.2%烟碱·苦参碱乳油、或1%苦参碱可溶性液剂（喷烟型）、或1.8%阿维菌素乳油，进行烟雾防治。

青脊竹蝗危害状

棉　蝗 （中文别名：大青蝗、台湾大蝗）

Chondracris rosea (De Geer)

棉蝗成虫

　　成虫：雄虫体长 56～81 毫米，雌虫体长 48～56 毫米。体色鲜绿带黄。触角丝状。头顶中部、前胸背板沿中隆线突起及前翅臀域具黄色纵条纹。头大，长度短于前胸背板长。头顶宽短，顶端钝圆。触角丝状，细长，通常 28 节，长度常超过前胸背板的后缘。前胸背板中隆线较高，3 条横沟明显，并均割断中隆线；后横沟略位于中部之后，沟前区长度稍长于沟后区的长度；前胸背板突长圆锥形，颇向后倾斜，顶端达到中胸。前、后翅发达，长度几乎达到后足胫节的中部。前、中足基节和腿节均为绿色，胫节和跗节为淡紫红色。后足腿节宽度均匀，青绿色，胫节细长，淡紫红色，其外侧具两列刺。**卵**：长椭圆形，稍弯曲，长 6～7 毫米。卵粘集成卵块，卵块长 40～80 毫米，每块有卵 38～175 粒。**若虫**：共 6 龄。初孵若虫体长 8 毫米，淡绿色，头部特大。末龄雌跳蝻体长 50～60 毫米，末龄雄跳蝻体长 45～54 毫米。触角 27～28 节，长 15～21 毫米。

生物学特性：杂食性昆虫，寄主很广。一年发生 1 代，以卵在土中越冬。翌年 4 月中、下旬孵化为跳蝻，6 月中旬至 7 月下旬陆续羽化为成虫。成虫取食十余天后，于 7 月至 10 月中旬开始交尾产卵，然后相继死亡。成虫交尾高峰在 7 月中、下旬至 8 月。产卵高峰在 7 月下旬至 8 月中旬。通常选择在沙质较硬实的幼龄林地，萌芽条较多、阳光充足的疏林地，或与林中空地交界的林缘产卵，极少在积水地、杂草地，或地被物较多的林地产卵。

危害寄主：主要为害棉、毛竹、甜竹、刚竹、甘蔗、樟树、椰子、木麻黄等作物。也为害水稻、玉米、高粱、大豆、粟、绿豆、豇豆、红薯、马铃薯、苎麻、蔬菜等作物。

危害症状：成、跳蝻取食寄主叶片，危害严重时，将叶片吃光或仅留叶柄或主脉，影响生长和观赏。

防治方法：① **人工防治**：人工捕杀跳蝻和成虫，可于清晨露水未干，虫体静伏不动时进行。在成虫期，如虫口密度较低时，可采用人工捕捉的办法消灭，但应掌握在清晨露水未干前进行。② **化学防治**：a．若蝻期采用 2.5% 美曲膦酯粉剂，或 1% 马拉硫磷粉剂喷粉，或 90% 晶体美曲膦酯、或 40% 达嗪磷乳油、或 50% 马拉硫磷乳油 800 ~ 1000 倍液喷雾，均有效。b．跳蝻和成虫发生期喷施 90% 晶体美曲膦酯 800 ~ 1000 倍液，或 50% 辛硫磷乳油 1000 ~ 1500 倍液毒杀。c．虫口密度大时，在清晨或傍晚可用"林用'741'敌敌畏插管烟雾剂"防治。

◄ 棉蝗卵块

▼ 棉蝗的寄主植物

日本纺织娘 （中文别名：宽翅纺织娘、络丝娘）

Mecopoda nipponensis (De Haan)

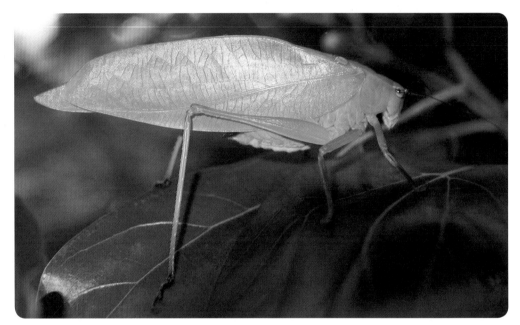

日本纺织娘成虫

成虫：成虫体长 26 ~ 31 毫米。褐色或绿色。翅较宽且短。鸣叫时没有短促的前奏曲。日本纺织娘的发音区非常发达。雌虫产卵器平直，几乎没有弧形弯曲，长度在 30 毫米左右。前胸背板侧片上部非黑色。前翅常见为绿色或褐色。雌性前翅常具有大的黑斑或淡色斑。

日本纺织娘为害的植物叶片

生物学特性：昆虫白天静静地伏在瓜藤的茎、叶之间，晚摄食、鸣叫。成虫或若虫嬉戏栖息于谷物田间或灌木丛中。喜食豆科植物的嫩茎与嫩果实。雌虫将卵产在植物的嫩枝上，常造成这些嫩枝新梢枯死。一年发生 1 代，以卵越冬。是螽斯类昆虫中重要的鸣虫之一。

危害寄主：植食性昆虫，喜食南瓜、丝瓜的花瓣，也吃樟树叶、桑叶、柿树叶、核桃树叶、杨树叶等。有时也吃其他昆虫。

危害症状：喜食花瓣和树叶，卵产在植物的嫩枝上，常造成这些嫩枝新梢枯死。

防治方法：虽是害虫，但人们喜饲养，供作玩物听其鸣叫。必要防治时可使用 80% 敌敌畏乳油 1500 ~ 2000 倍液进行喷雾防治。

日本纺织娘寄主植物

台湾乳白蚁 （中文别名：家白蚁）

Coptotermes formosanus (Shiraki)

等翅目
Isoptera

白蚁科
Termitidae

台湾乳白蚁有翅型成虫

有翅繁殖蚁：体长 7.8～8.0 毫米，翅长 11～12 毫米。体黄褐色，胸腹部背板黄色，翅淡黄色。前翅鳞较大，覆盖后翅鳞，翅膜有网纹。有单眼和囟，囟位于头中部，后唇基短平。**兵蚁**：体长 5.3～5.9 毫米。头部梨圆形，头黄色，上颚为镰刀形。囟很发达，为大圆形的孔口，位于头部的最前端，在御敌时由囟孔分泌黏稠的乳酸液体。前胸背板扁平，缺前叶。**工蚁**：体长 5.0～5.4 毫米。体乳白色，头部微黄色，在上颚端部有齿 3 枚，即端齿、第 1 和第 2 缘齿各 1 枚。**卵**：长 0.6 毫米，宽 0.4 毫米，乳白色，椭圆形。

台湾乳白蚁脱翅后的雌雄成虫

生物学特性：土、木两栖白蚁，为"社会性"多形态昆虫。集中巢居，巢椭圆形，长为 50 ～ 100 厘米，巢有主、副之分，主巢呈片状，较坚固，内为王室，副巢呈蜂窝状或较薄的片状。喜温怕冷，好湿怕水，喜暗怕光。气温在 17℃以上时四处活动取食，在 25 ～ 35℃时，活动和取食旺盛，活动范围可大于 100 米。长翅繁殖蚁在每年 5 月开始分飞，6 月飞较多，迟至 7 月，常在大雨前后闷热的傍晚，从巢内分飞孔中飞出繁殖。

危害寄主：桉树、马尾松、南洋楹、凤凰木等多种植物的树干、木材及其房屋建筑、桥梁和四旁绿化树木。是最严重的一种土、木两栖白蚁。

危害症状：是我国破坏房屋建筑最凶的一种白蚁，也危害室外的林地、庭园等的木材。为害林木时，尤喜在古树名木及行道树内筑巢，使之生长衰弱，甚至枯死。

防治方法：① **诱杀**：**坑诱**：在白蚁出没的地方挖土坑，深 30 ～ 40 厘米，坑内放置松枝、松花粉、甘蔗、食糖等，或在坑内满放有 10∶1 新鲜松针叶与鸡毛，用麻袋或松土覆盖，并以淘米水湿润之，或淋水后经 3 ～ 4 周在诱杀坑内施药。**箱诱**：使用松木板制成 35 厘米 ×30 厘米 ×30 厘米的木箱，内装 7 成满的松木条，待其腐烂 10 ～ 20 天，诱集较多白蚁时在诱杀坑内施药。上述诱到的白蚁也可喷施 70% 灭蚁灵粉剂，作用缓慢，但防治效果彻底。**灯光诱杀**：白蚁成虫都有较强的趋光性，在成虫分飞期，尤其是下雨时采用黑光灯或高压汞灯诱杀，在灯下放置大水盆，可消灭大量白蚁成虫。
② **化学防治**：粉杀法，将药粉喷入巢内、蚁道内，药粉由 85% 亚砷酸、10% 水杨酸、5% 氧化铁配成。室内主要使用 10% 吡虫啉白蚁药悬浮剂 100 倍液喷洒，成本低、效果好且低毒。

台湾乳白蚁兵蚁头部特征图
（示头顶前端卤）（仿　李桂祥）

台湾乳白蚁危害状

黑翅土白蚁

（中文别名：黑翅大白蚁、台湾黑翅螱）

Odontotermes formosanus (Shiraki)

等翅目
Isoptera

白蚁科
Termitidae

黑翅土白蚁有翅型成虫

有翅繁殖蚁：成虫体长 12～14 毫米，翅展 45～50 毫米，头、胸、腹部背面黑褐色，腹面棕黄色。翅黑褐色。全身覆有浓密的毛。触角 19 节。前胸背板略狭于头，前宽后狭，前缘中央有一淡色的"十"字形纹，纹的两侧前方各有一椭圆形的淡色点，纹的后方中央有带分枝的淡色点。前翅鳞大于后翅鳞。**兵蚁**：体长 5～6 毫米。头暗深黄色，被稀毛。胸腹部淡黄至灰白，有较密集的毛。头部背面为卵形，长大于宽，中段最宽，向前端略狭窄。上颚镰刀形，左上颚内缘前段 1/3 处有明显的齿。**工蚁**：体长 4.6～4.9 毫米，头黄色，胸腹部灰白色。**卵**：长椭圆形，长约 0.8 毫米，白色。

有翅型黑翅土白蚁脱翅后的雌雄成虫

生物学特性：土栖，为"社会性"多形态昆虫。蚁巢内有蚁王、蚁后、工蚁、兵蚁和生殖蚁等。生活于有杂草的地下。在 4 ~ 6 月，在气温达 22℃以上、相对湿度 95%以上的闷热天气或雨前，傍晚 19 点前后有翅成虫开始分群，爬出羽化孔群飞和脱翅，成为新巢的蚁王和蚁后。蚁巢于地下，深达 1 ~ 2 米，主巢直径可达 1 米以上，3 个月后出现许多卫星状菌圃。在树木上取食时，泥被、泥线环绕整个树冠，有时形成泥套。

危害寄主：桉树、台湾相思、茶花树、湿地松、香樟、马尾松、柑橘、杉木、柏等 90 余种植物。林地、苗圃最常见土栖白蚁。

危害症状：常筑巢于土中，取食苗木的根、茎，并在树木上修筑泥被，啃食树皮，也能从伤口侵入木质部危害。苗木被害后生长不良或整株枯死。在河道两旁，还危害堤坝安全。

防治方法：① **人工防治**：挖巢灭蚁。根据泥被、泥路、地形、分群孔等特征寻找蚁巢的位置，挖巢灭蚁。② **诱杀**：白蚁成虫都有较强的趋光性，在成虫分飞期，尤其是下雨时采用黑光灯或高压汞灯诱杀，在灯下放置大水盆，可消灭大量白蚁成虫。③ **化学防治**：a．在发生白蚁危害的圃地周围，投放白蚁喜食的饲料如蔗茎、蔗皮、桉树皮、木薯茎等作诱饵，待白蚁大量诱集后，再喷施砷剂灭蚁粉或喷施 70% 灭蚁灵粉。b．压烟灭蚁。找到联通蚁巢的主道口，将压烟筒的出烟管插入主道，用泥封住道口，再用敌敌畏插管烟剂放入筒内点燃。c．苗木生长期被白蚁危害，可使用 75% 辛硫磷乳油 1000 ~ 1500 倍液淋根保苗。

黑翅土白蚁兵蚁头部特征图
（示左上颚中一明显齿）
（仿 李桂祥）

黑翅土白蚁危害状

黄翅大白蚁
Macrotermes barneyi (Light)

等翅目
Isoptera

白蚁科
Termitidae

黄翅大白蚁有翅型成虫

有翅繁殖蚁：体长 14 ~ 16 毫米，翅长 24 ~ 26 毫米。体背面栗褐色，足棕黄色，翅黄色。头宽卵形。前胸背板前宽后窄，背板中央有一淡色的 "+" 字形纹。前翅鳞大于后翅鳞。

兵蚁：大兵蚁体长 10.5 ~ 11 毫米，头深黄色，上颚黑色。头大，背面观长方形。上颚粗壮。上唇舌形，先端白色透明。前胸背板略狭于头，呈倒梯形。中后胸背板呈梯形。腹末毛较密。小兵蚁体长 6.8 ~ 7 毫米，体色较淡。头卵形。

工蚁：大工蚁体长 6.0 ~ 6.5 毫米。头圆形，棕黄色。前胸背板约相当于头宽之半。腹部膨大如橄榄形。小工蚁体长 4.2 ~ 4.4 毫米，体色比大工蚁浅。**卵**：乳白色，长椭圆形。

黄翅大白蚁脱翅后的雌雄成虫

生物学特性： 土栖，为"社会性"多形态昆虫，每个蚁巢内有原始型蚁后和蚁王、大工蚁、小工蚁、大兵蚁、小兵蚁等。生活于地下。有翅繁殖蚁分飞多在5月。巢入土深可达0.8～2米。主巢中有许多泥骨架，骨架上下左右都被菌圃所包围。主巢外有少数卫星菌圃。

危害寄主： 桉树、杉木、水杉、橡胶、刺槐、樟树、檫木、泡桐、油茶、板栗、核桃、二球悬铃木、枫香树等，还危害甘蔗、高粱、玉米、花生、大豆、红薯、木薯等。林地、苗圃常见土栖白蚁。

危害症状： 常筑巢于土中，取食苗木的根、茎，并在树木上修筑泥被，啃食树皮，也能从伤口侵入木质部危害。苗木被害后生长不良或整株枯死。

防治方法： ① **诱杀：** a．造林地和新设苗圃在造林前清除杂木、荒草，每公顷设150～300个诱集坑，坑内横竖堆置多层劈开的松柴或树皮，淋些淘米水或红糖水，坑盖用草袋、芦席盖紧，上面覆土成堆状，便于沥水。在白蚁活动危害季节，隔10～15天，轻揭坑顶，发现白蚁在活动取食时，使用喷粉枪轻轻喷施70%灭蚁灵粉剂，使整巢白蚁死亡。b．白蚁成虫都有较强的趋光性，在成虫分飞期，尤其是下雨时采用黑光灯或高压汞灯诱杀，在灯下放置大水盆，可消灭大量白蚁成虫。
② **化学防治：** a．苗木、插条、幼树根际土壤处理：发现幼苗、插条、幼树根际遭到土栖白蚁危害时，在圃地四周或被危害侵袭的苗圃傍坡开沟，使用1%氯丹乳剂喷雾处理，以后覆土掩盖，受害幼树四周开沟，以0.04%氯丹乳剂浇灌沟内土壤。b．烟熏：在造林带状整地时，如发现白蚁较粗蚁道，人工追挖至主蚁道，用一端封闭一端敞开的自然压烟筒点燃烟剂后，对准主蚁道，将敌敌畏烟雾压入主蚁道、蚁巢，使整巢白蚁中毒死亡。

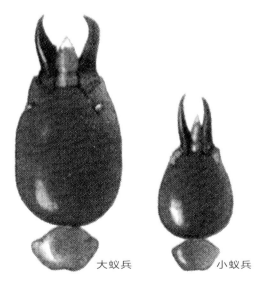

大蚁兵　　小蚁兵

黄翅大白蚁兵蚁头部特征图
（示上唇端白色透明）（仿　李桂祥）

黄翅大白蚁危害状

八点广翅蜡蝉

（中文别名：八点光蝉、八点蜡蝉、咖啡黑褐蛾蜡蝉）

Ricania speculum (Walker)

半翅目
Hemiptera

广蜡蝉科
Ricaniidae

八点广翅蜡蝉成虫

　　成虫：体长 6 ~ 7.5 毫米，翅展 16 ~ 18 毫米。头胸部黑褐色至烟黑色，足和腹部褐色，有些个体腹基部及足为黄褐色。复眼黄褐色，单眼红棕色。额区中脊明显，侧脊不明显，触角黄褐色。前胸背板具中脊 1 条，二边点刻明显；中胸背板具胸脊 3 条，中脊长而直，侧脊近中部向前分叉，二叉内斜在端部几乎汇合，外叉较短。前翅褐色至烟褐色，前缘近端部 2/3 处有 1 个长圆形透明斑，正前缘顶角处，还有 1 个很小的狭长透明斑，翅外缘有 2 个较大的透明斑，其中前斑形状不规则，后斑长圆形，内有 1 个小褐斑，小斑大斑可有变化，翅面上有白色蜡粉。后翅黑褐色，半透明，基部色略深。中室端部有 1 个透明斑。少数个体在正前缘处还有 1 个狭长的小透明斑，外缘端部有 1 列小透明斑。后足胫节外侧有刺 2 个。**卵**：长卵圆形，乳白色。长 1.2 ~ 1.4 毫米。**低龄若虫**：乳白色，近羽化时一些个体背部出现褐色斑纹。体形菱状，腹末有白色蜡丝 3 束，白色波状蜡丝能像孔雀似的，作开屏状的运动。

生物学特性：一年发生1代，以卵越冬。翌年5月中旬至6月中旬孵化，群集在嫩枝叶上取食活动。7月上中旬出现成虫。成虫羽化不久即交配产卵。每雌产卵4～5次，卵聚产于嫩枝梢组织越冬，每处10～87粒，产卵处表面覆有白色蜡丝。8月中旬至9月产卵越冬，成虫于9月上旬至10月下旬陆续死去。成虫有趋聚产卵的习性，虫量大时被害枝上刺满产卵痕迹。八点广翅蜡蝉若虫共5龄，为期40～50天；成虫期25～50天；卵期270～330天。

危害寄主：桉树、荷木、鸭脚木、迎春花、桂花、柳、柑橘、甘蔗、茶、桑、苦楝等数十种植物。

危害症状：成虫和若虫以刺吸式口器吸食嫩枝、叶汁液营养成分，排泄物易引发煤烟病。雌虫产卵时将产卵器刺入枝茎内，引起流胶，被害嫩枝叶枯黄，长势弱，难以形成叶芽和花芽。

防治方法：① **人工防治：**加强苗圃管理及时剪除产卵枝烧毁，减少虫源。② **化学防治：**a．若虫孵化盛期喷施80%敌敌畏乳油800～1000倍液，或50%杀螟松乳油800～1000倍液喷雾。b．在6月中旬至7月上旬若虫危害期，喷90%万灵可溶性粉剂2500～3000倍液，效果极佳。

八点广翅蜡蝉若虫

八点广翅蜡蝉成虫

茶褐广翅蜡蝉 （中文别名：茶褐广翅蛾蜡蝉、山东广翅蜡蝉）

Ricania shantungensis Chou et Lu

茶褐广翅蜡蝉成虫（背面）

成虫： 淡褐色，背面和前端色较深，腹面和后端浅黄褐色。额有 3 条纵脊。前胸背片具中脊；中胸背片长，具中脊 3 条。前翅前缘外 1/3 处有一近三角形的半透明斑，外缘后半部在翅脉间有一列白色小点。后翅淡烟褐色，后缘色稍浅。后足胫节外侧具刺 2 枚。**若虫：** 头部复眼赤红色，额具 3 条纵脊。中胸长且宽，背片也具纵脊 3 条，中脊长且直，两侧脊稍呈弧状，在前端会合。腹部短，约占体段的 1/4，若虫身被白色絮状蜡质物，低龄期较薄，大龄若虫期则增多加厚，并在体背呈放射状地伸出数条丝线，长约 20 毫米。

茶褐广翅蜡蝉成虫（侧面）

生物学特性：一年发生1代，以卵越冬。次年3月上旬陆续孵化为若虫。若虫于6月上旬羽化为成虫，若虫历期90余天。成虫于夜间羽化。成虫于7～8月产卵，卵产入寄主植物组织内，每产卵孔一粒，产卵口封以胶质物。初孵若虫有群集栖息为害的习性。若虫善跳，常数十头聚集在一嫩芽上取食为害并污染上白色蜡粉，若虫分泌的蜜露可诱发植株煤烟病。

危害寄主：桉树、荔枝、杧果、九里香、女贞以及红树林的海桑、桐花等多种植物。

危害症状：危害嫩枝、嫩梢、嫩芽，减弱寄主长势，着卵过多的枝条会变黄甚至枯死。

防治方法：① 林业措施：根据此虫为害的寄主植物和成虫产卵习性，可采取如下防治措施，不在林地、果园附近栽植九里香、大叶女贞、小叶女贞和白蜡等花卉，以减少虫源。结合林木的修剪，在若虫孵化前剪除着卵的小枝集中销毁。② 化学防治：密切注意虫情，在若虫低龄时期，可选用15%8817乳油2000～2500倍液，或48%乐斯本乳油1000～1500倍液，或40%水胺硫磷乳油800～1000倍液，或80%敌敌畏乳油，或40%氧化乐果乳油800～1000倍液喷雾。

聚集在枝条上的茶褐广翅蜡蝉若虫

眼纹疏广蜡蝉

（中文别名：带纹广翅蜡蝉、眼纹广翅蜡蝉）

Euricania ocellus (Walker)

眼纹疏广蜡蝉成虫

成虫： 体长 6 ~ 6.5 毫米，翅展 20 ~ 22 毫米。头、前胸、中胸栗褐色，中胸盾片色最深，近黑褐色；唇基、后胸和足为黄褐色至褐色，腹部褐色。前翅透明无色，略带黄褐色；翅脉褐色；前缘、外缘和内缘均为褐色宽带；中横带栗褐色，仅两端明显，中段仅见褐色痕迹；外横线细而直，由较粗的褐色横脉组成；前缘褐色宽带上，在中部和外 1/4 处各有 1 个黄褐色四边形斑纹将宽带割成 3 段；近基部中央有 1 个褐色小斑。后翅无色透明，翅脉褐色，外缘和后缘有褐色宽带，有的个体这些带较狭，色亦稍浅。后足胫节、外侧有 2 根刺。

眼纹疏广蜡蝉成虫

生物学特性：一年发生1代，以卵越冬。翌年5月上、中旬孵出，6月中旬至8月上旬羽化，成虫产卵后于9月上、中旬陆续死亡。成虫活动于寄主枝叶上，卵产在枝梢皮下。初孵若虫群集吸食植物茎叶汁液，受惊吓时迅速弹跳下行，徒手难于捕捉。

危害寄主：苦秋枫、苦楝、月季、柑橘、油桐等树种。

危害症状：成虫和若虫群集吸食寄主植物的汁液，影响植株生长，发生严重时，枝叶变黄，甚至死亡。

防治方法：① **人工防治**：局部危害严重，及时摘除卵块并销毁。② **诱杀**：成虫盛发期设置黑光灯或高压汞灯诱杀。③ **生物防治**：保护蜻蜓类、蜘蛛类、鸟类等捕食性天敌。④ **化学防治**：使用2%烟碱乳油900～1500倍液，或30%氯胺磷乳油250～300倍液进行喷雾防治。

眼纹疏广蜡蝉危害的植物枝条

紫络蛾蜡蝉 （中文别名：白翅蜡蝉、白鸡、白蛾蜡蝉）

Lawana imitata Melichar

半翅目
Hemiptera

蛾蜡蝉科
Flatidae

紫络蛾蜡蝉成虫

成虫：体长约14毫米，翅展约43毫米。头、胸淡黄褐色。头顶近圆锥形，其尖端褐色；额宽，近基部处稍窄；喙短粗，端节淡褐色，伸达中足基节处。前胸背板宽舌状，前缘中央有1个小凹刻，近前缘处有1条双弧形横刻纹，后缘凹入呈弧状；中胸背板3条脊近平行。前翅粉白色，略呈紫色，翅面宽广，翅脉紫红色，尤以短横脉紫红色更为显著，翅中央有1个不太明显的紫红色小斑。后翅灰白色。足淡黄色，跗节末端色深；后足胫节外侧有刺2根。**若虫**：体长约8毫米，白色，稍扁平，全体布满棉絮状蜡质物，翅芽末端平截，腹末有成束粗长蜡丝。

紫络蛾蜡蝉成虫

生物学特性：一年发生2代，以成虫在枝叶间越冬。翌年2～3月越冬成虫开始活动。产卵于嫩枝、叶柄组织中。3月中旬至6月上旬为第1代卵发生期，6月上旬始见第1代成虫。7月上至9月下旬为第2代卵发生期，9月中旬始见第2代成虫，为害至11月陆续越冬。成虫、若虫均善跳跃。4～5月和8～9月为1、2代若虫盛发期。

危害寄主：桉树、台湾相思、紫荆、柑橘、橙、杧果、荔枝、龙眼、茶、油茶、桃、波罗蜜、石榴、无花果等多种植物。普查确认寄主为桉树、台湾相思、紫荆。

危害症状：成虫、若虫有群集习性，吸食枝条和嫩梢汁液，使其生长不良，叶片萎缩而弯曲，重者枝枯果落，影响产量和质量。排泄物可诱致煤污病发生。

防治方法：① **人工防治**：剪除有虫枝条，集中烧毁；用捕虫网捕杀成虫；用扫把刷掉若虫，集中处理。② **生物防治**：使用2%阿维·苏可湿性粉剂1000～1500倍液喷雾。③ **化学防治**：在成虫产卵前、产卵初期或若虫初孵群集未分散期施药为宜。使用25%灭幼脲可湿性粉剂1000～1500倍液喷雾。

紫络蛾蜡蝉成虫

褐缘蛾蜡蝉 （中文别名：青蛾蜡蝉、青蜡蝉、绿蛾蜡蝉）
Salurnis marginella (Guerin)

褐缘蛾蜡蝉成虫（侧面）

成虫：体长约 7 毫米，翅展约 18 毫米。头部黄赭色，顶极短，略呈圆锥状突出，中央具一褐色纵带；额宽；触角深褐色，端节膨大；单眼水红色。前胸背板长为头顶长的二倍，前缘褐色向前突出于复眼之前；后缘略凹入呈弧形，中央有两条红褐色纵带，侧带黄色，其余部分为绿色；中胸背板发达，左右各有二条弯曲的侧脊，有红褐色纵带四条，其余部分绿色。腹部灰黄绿色，附白色蜡粉，侧扁。前翅绿色或黄绿，边缘褐色，在后缘特别显著。后翅绿白色，边缘完整。前、中足褐色，后足绿色。

若虫：淡黄绿色，胸腹覆盖白绵状蜡质，腹末有长毛状蜡丝。

褐缘蛾蜡蝉成虫（背面）

生物学特性：一年发生 2 代，若虫 4 月开始出现，第 1 代成虫 6 月末开始出现，第 2 代 10 月左右出现。卵产在嫩茎内，以卵越冬。成、若虫善跳跃，在小枝上活动取食，卵产枝梢皮层下，产卵处表皮粘覆少量绵状蜡丝。

危害寄主：苦楝、樟树、台湾相思、柑橘、茶、油茶、木荷、女贞、咖啡、油梨、迎春花等植物。

危害症状：成虫和若虫吸食新梢嫩茎、叶片的汁液；成虫在产卵时刺伤嫩茎皮层，危害处新梢生长迟缓，导致嫩茎枯死。

防治方法：① **人工防治**：结合修剪，剪除产卵枝梢烧毁，消灭越冬卵。② **生物防治**：用 2% 阿维·苏可湿性粉剂 1000 ~ 1500 倍液喷雾。③ **化学防治**：成虫和若虫发生期，喷 30% 氯胺磷乳油 250 倍液防治，或 25% 灭幼脲可湿性粉剂 1000 ~ 1500 倍液喷雾。

褐缘蛾蜡蝉的寄主植物——台湾相思

龙眼蜡蝉 （中文别名：龙眼鸡、龙眼樗鸡、长鼻子）
Fulgora candelaria (Linnaeus)

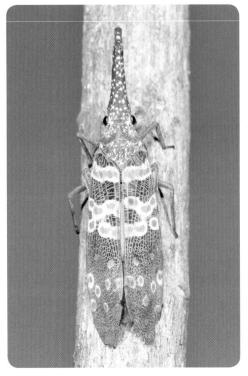

龙眼蜡蝉成虫（背面） 龙眼蜡蝉成虫（侧面）

成虫： 体长从复眼到腹部末端为 20 ~ 23 毫米，头突长 17 ~ 20 毫米，翅展 72 ~ 80 毫米。体色艳丽。头的背面褐赭色，新鲜标本微带绿色。头有细长而向上弯曲的圆锥形突起，末端圆形，从突起的末端到复眼的长度等于中胸与腹部之和。**若虫：** 初龄体长约 4 毫米，黑色酒瓶状，头部略呈长方形，前缘稍凹，背面中央具有 1 条纵脊，两侧从前缘到复眼有弧形脊，中侧脊间分泌点点白蜡或连接成片。胸部背面有 3 条纵脊和许多白色蜡点。腹部两侧浅黄色，中间黑色。**卵：** 蛹形，长 2.4 ~ 2.6 毫米，前端具有 1 个锥状突起，有椭圆形卵盖。

生物学特性：一年发生 1 代，以成虫静伏在枝杈下侧越冬。3 月开始活动为害，4 月中、下旬逐渐活跃，5 月上、中旬开始交配，交配后 7 ～ 14 天开始产卵，卵多成块产在寄主 2 米左右的树干平坦处，每块有卵 60 ～ 100 粒，排列整齐并呈长方形，其上覆盖有白色蜡粉。卵期 20 ～ 30 天。8 月下旬至 9 月先后羽化为成虫。11 月后陆续选择适宜的场所进行越冬。

危害寄主：龙眼、蒲桃、木棉，以及荔枝、橄榄、杧果、柚子、黄皮、梨、乌桕、臭椿、桑树等多种果树和经济林木。

危害症状：成虫和若虫刺吸寄主的枝干、嫩梢、叶片和幼果的汁液，削弱树势，严重者枝条干枯、落果或使果实品质变劣。其排泄物还可招致煤污病。

防治方法：① **人工防治：** a．一年四季都可以用人工方法捕杀若虫和成虫。b．成虫产卵后到若虫孵化前，可刮除所产的卵块，然后集中处理。② **化学防治：** a．若虫和成虫为害期，可用农药进行防治，使用 10％联苯菊酯乳油 2000 ～ 3000 倍液喷雾。b．使用 80％敌敌畏乳油 1000 ～ 1500 倍液进行喷雾防治。

龙眼蜡蝉成虫

蚱 蝉 （中文别名：黑蚱蝉、知了）
Cryptotympana atrata (Fabricius)

蚱蝉成虫（背面）

蚱蝉成虫（侧面）

成虫： 黑色，有光泽。雄虫体长 44 ~ 48 毫米，被金色绒毛，复眼淡赤褐色，头部中央及额上方有红黄色斑纹。中胸背板宽大，中央有黄褐色的 "×" 形隆起。前翅前缘淡黄褐色，基部 1/3 黑色。后翅基部 2/5 黑色，翅脉淡黄色兼暗黑色。足淡黄褐色，腿节的条纹、胫节的基部及端部黑色。雄虫腹部 1 ~ 2 节有鸣器。雌虫体长 38 ~ 40 毫米，产卵器易见。**若虫：** 初孵若虫乳白色，逐渐变为黄色，体长 8 ~ 20 毫米，头胸细长，腹部膨大成球形。老熟若虫，体黄褐色，头、胸部粗大，与腹部等宽，无翅，而翅芽发育完好。**卵：** 乳白色，长椭圆形，有光泽，长 2.4 毫米，宽约 0.5 毫米。

生物学特性：2～3 年发生 1 代，以若虫在土壤中或以卵在寄主枝干内越冬。翌年越冬的卵孵化，并在土壤中刺吸植物根部汁液危害。老熟若虫在雨后傍晚钻出地面于树干处蜕皮羽化。雄成虫具有鸣叫的特征。雌成虫多于枝条上产卵，被产卵的枝条不久便枯死。8 月为产卵盛期。以卵越冬者，翌年6 月孵化若虫，并落入土中生活，秋后向深土层移动越冬，来年随气温回暖，上移刺吸危害。多发生于平原及丘陵地带，高山较少。

危害寄主：凤凰木、苦楝、桂花、白兰、垂柳、桃、李等植物。

危害症状：若虫在土中吸取树根汁液，成虫在树干上刺吸汁液，在枝干上产卵，造成树枝枯死，严重影响树木生长和观赏价值。

防治方法：① **人工防治**：a．搜杀老熟若虫，用蛛丝网粘捕成虫。b．及时剪除产卵枯枝，集中烧毁，减少虫源。② **诱杀**：在成虫盛发期用灯光或火把诱杀成虫。③ **化学防治**：发生严重地区，若虫孵化时，地面喷洒 30% 氯胺磷乳油 200～250 倍液毒杀初孵幼虫。

蚱蝉成虫

斑点黑蝉 （中文别名：黄点黑蝉，黄斑蝉）

Gaeana maculata Willd

半翅目
Hemiptera

蝉 科
Cicadidae

斑点黑蝉成虫（背面）

成虫： 体长 31～27 毫米，翅展 88～106 毫米。体黑色，被黑色绒毛，头部和尾部的绒毛较长。头冠宽于中胸背板基部，头顶复眼内侧有 1 对斑纹，后单眼间距小于到复眼间的距离；复眼灰褐色，较突出；后唇基发达，较突出，黑色，两侧有较浅的横脊，复眼腹面与后唇基之间有 1 个大斑纹；喙管黑色，达后足基节。前胸背板黑色，无斑纹，短于 "×" 形隆起前部分。中胸背板有 4 个黄褐色斑纹（不同个体间斑纹形状及颜色有差异），中间 1 对较小，两侧 1 对较大， "×" 形隆起两侧也有 1 对黄褐色斑纹。前、后翅不透明，前翅为黑褐色，基半部有 5 个黄色斑点，排成 2 列，端半部斑纹灰白色；后翅基半部斑纹黄白色且较大，端半部黑褐色，有 5 个大小不等的灰白色斑点。腹部黑色，第 8 节背板后缘黄褐色，尾节较细长；腹板黑色，下生殖板细长呈舟形。

生物学特性：一年发生1代，其若虫在土中生活，危害植物的根部。3月中旬至4月初成虫出土活动。成虫通过吸食寄主植物叶柄基部或幼嫩枝梢的营养汁液造成危害。成虫喜欢在山脚或山窝的林间、荫凉处群居或单个活动。成虫发生后期很少在严重危害区出现，主要转移到山坳或河堤边等地的杂木林中，且活动范围较分散，到5月下旬后成虫停止活动。

危害寄主：马占相思、山乌桕、漆树、鸭脚木、台湾相思、肉桂、橄榄、白玉兰、桃花心木等树种，其中马占相思被害后表现特别明显。

危害症状：每年3月中旬至4月中旬，出土活动成虫对马占相思生长造成严重影响，轻者使连片树木叶片褪色、变黄卷缩畸形，重者致使树木大量落叶或枝茎干枯。

防治方法：① **人工防治：** a．搜杀老熟若虫，用蛛丝网粘捕成虫。b．及时剪除产卵枯枝，集中烧毁，减少虫源。② **诱杀：**在成虫盛发期用灯光或火把诱杀成虫。③ **化学防治：**发生严重地区，若虫孵化时，地面喷洒30%氯胺磷乳油200～250倍液毒杀初孵幼虫。

斑点黑蝉成虫（侧面）

蟪 蝉
Tanna japonensis (Distant)

半翅目
Hemiptera

蝉 科
Cicadidae

蟪蝉雄成虫　　　　　　　　　蟪蝉雌成虫

　　雄成虫： 体长 31.3 ~ 39.5 毫米，前翅长 37.6 ~ 43.6 毫米。头胸部绿色，腹部锈褐色，被金黄色和银白色短毛。头冠稍窄于中胸背板基部，腹部明显长于头胸部。头顶绿色，单眼区及两侧的弯纹和后唇基于头顶相接处均为黑色；单眼浅橘黄色，复眼褐色，后单眼到复眼间的距离等于后单眼间距离的 2 倍；后唇基绿色，两侧有褐色横纹，中央无纵沟；触角褐色；喙管末端黑色，刚超过后足基节。前胸背板内片褐色，外片及 "I" 形的中央纵带绿色，纵带的边缘深褐色。中胸背板绿色，中央有不明显的 7 条黑褐色纵纹，正中央的纵纹细长、矛状，内侧 1 对倒圆锥形，近外侧为 1 对很小的楔形斑，最外侧为一对粗而大、后端向两侧弯曲的斑纹，"×" 形隆起前具一"山"字形黑褐色斑纹。前后翅透明，前翅第 2、3、5、7 端室基横处及各端室纵脉近端部各有 1 个烟褐色点斑。头胸部腹面及各足基节、腿节呈绿色，胫节、跗节呈黄绿色，爪黑褐色。腹部锈褐色，黑化型个体为黑褐色，各节后缘颜色更深，第 3、4 背板两侧有银白色毛斑；腹部腹面灰褐色，有白色蜡粉。雄虫尾节小，褐色，两侧后端黑褐色，无侧突，端突很小。**雌成虫：** 体长 25.5 ~ 29.4 毫米，前翅长 36.2 ~ 43.2 毫米。产卵管鞘不伸出腹末，尾节端刺较长。

生物学特性：一年发生1代，以若虫在土壤中或以卵在寄主枝干内越冬。翌年越冬的卵孵化，若虫在土壤中刺吸植物根部汁液，危害多年。老熟若虫在雨后傍晚钻出地面，爬到树干及植物茎秆上蜕皮羽化。成虫具有群居性、群迁性、趋光性，雄成虫具有鸣叫的特征。成虫栖息在树干上，夏季不停地鸣叫，多发生于丘陵地带，高山较少。

危害寄主：南洋楹、凤凰木、桂花、白兰、桃、李等植物。

危害症状：若虫在土中吸取树根汁液，成虫在树干上刺吸汁液，在枝干上产卵，造成树枝枯死，严重影响树木生长和观赏价值。

防治方法：① **人工防治**：a．搜杀老熟若虫，用蛛丝网粘捕成虫。b．及时剪除产卵枯枝，集中烧毁，减少虫源。② **诱杀**：在成虫盛发期用灯光或火把诱杀成虫。③ **化学防治**：发生严重地区，若虫孵化时，地面喷洒30%氯胺磷乳油200～250倍液毒杀初孵幼虫。

蟪蝉的寄主植物

绿草蝉
Mogannia hebes (Walker)

绿草蝉绿色型成虫（背面）　　　　　　　　绿草蝉绿色型成虫（侧面）

成虫： 雄虫体长 13.8 ～ 16.8 毫米，前翅长 13.5 ～ 17.8 毫米；雌虫体长 12.5 ～ 15.5 毫米；前翅长 13.2 ～ 17.6 毫米。体绿色、绿褐色、黄绿色或黄褐色，密被极短的金黄色毛。前胸背板周缘绿色，中央纵带黄绿色，两侧有黑褐色界线。中胸背板从前缘处伸出 2 对倒圆锥形黑斑，"×"形隆起前臂内侧有 1 对小黑点。前、后翅透明，翅脉绿色，端部 1/3 翅脉浅褐色。腹部背中央稍隆起，黄绿或绿褐色，两侧有不规则黑斑。雄虫尾节端刺较短，侧突细长；雌虫产卵管鞘与腹末等长。

本种体色变异大，可归纳为下列几类：a. 体黑色，从前胸背板中央到腹末背中央有 1 条深赭色纵带；b. 体褐色，从头顶至腹末背中央有宽的赭色纵带，并被毛；c. 体赭色，中胸背板中央具黑色窄纵带，腹部背中央具赭色纵带；d. 体绿色或黄绿色，这是本种的基本色型，黑色或褐色多表现在雌虫体上。

生物学特性：年发生世代数不详。若虫在生活土壤中刺吸植物根部汁液，为害多年。老熟若虫在雨后傍晚钻出地面，爬到树干及植物茎秆上蜕皮羽化。成虫具有群居性、群迁性、趋光性，雄成虫具有鸣叫的特征。成虫栖息在树干上，夏季不停地鸣叫，8月为盛期。多发生于平原及丘陵地带，高山较少。

危害寄主：台湾相思、白玉兰等多种植物。

危害症状：若虫在土中吸取树根汁液，成虫在树干上刺吸汁液，在枝干上产卵，造成树枝枯死，严重影响树木生长和观赏价值。

防治方法：① **人工防治**：a．捕杀老熟若虫，用蛛丝网粘捕成虫。b．及时剪除产卵枯枝，集中烧毁，减少虫源。② **诱杀**：在成虫盛发期用灯光或火把诱杀成虫。③ **化学防治**：发生严重地区，若虫孵化时，地面喷洒30%氯胺磷乳油200～250倍液毒杀初孵幼虫。

绿草蝉体赭色型成虫

黄蟪蛄 （中文别名：知了、小熟了）

Platypleura hilpa Walker

半翅目
Hemiptera

蝉 科
Cicadidae

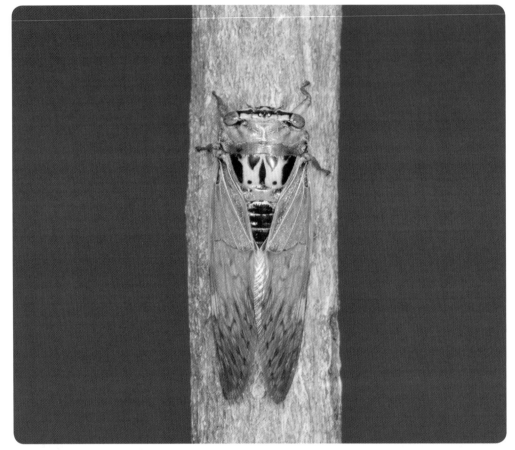

黄蟪蛄成虫（背面）

　　成虫：体长 22～24 毫米，翅展 80 毫米。体淡黄褐色，头冠、前、中胸背板淡黄褐色，后唇基中央有黑色纵沟，其基部弯曲的横纹及两复眼间的横带黑色；喙管达后足基节，末端黑褐色。前胸背板侧区边缘黑色；中央靠后缘区常有 2 个小黑点。中胸背板前缘具 4 个倒圆锥形斑纹（中间 2 个较小）。"×"形隆起前的 1 个矛状斑及前臂处的 2 个圆点均为黑色。腹部黑色，背板着生银灰色细毛。背瓣大，完全盖住鼓膜；腹瓣横形，两内角接近或接触。前翅黄褐色，不透明的云状斑与蟪蛄相似，后翅橙黄色，中部和端部有褐色环纹。头颜面、足、喙管具光泽，黄褐色。体腹面黄褐至黑褐色，具白色蜡粉。

生物学特性：成虫出现于 5 至 8 月，生活在平地至低海拔地区树木枝干上。成虫一般喜欢栖息在树干上，夜晚有趋光性。其生命中有 95% 以上的时间是在泥土里度过。雌蝉把卵注入树枝的边缘，蝉卵在树枝内越冬，翌年 4 月转暖时孵化。孵化后的若虫钻入柔软的泥土里，取食树根汁液。若虫在地下经过四次蜕皮后，于夜晚从土中钻出，爬至树干上进行最后一次蜕皮。羽化后，成虫除了寻找食物、配偶，或者受到惊吓后从一棵树飞到另外一棵树之外，很少超长距离长时间的飞行。

危害寄主：桉树、相思、柑橘、苹果、梨、槐树等植物。

危害症状：幼虫吸取多年生植物的树根汁液，成虫则吸取枝条上的汁液，特别是雌蟪蛄数量多的时候，产卵时刺破树皮，阻止植株无机盐和水分对树枝上养料的运输，从而导致树枝枯死，影响产量。

防治方法：① **诱杀**：晚上利用其趋光性的特点，使用黑光灯或高压汞灯诱杀。② **生物防治**：用 100 亿活芽孢/克苏云金杆菌可湿性粉剂每亩 1100 ～ 1500 倍液进行喷雾防治。③ **化学防治**：使用 25% 灭幼脲Ⅲ号可湿性粉剂 1000 ～ 1500 倍液喷雾。

黄蟪蛄成虫（侧面）

蟪　蛄 （中文别名：褐斑蝉、斑蝉、斑翅蝉）
Platypleura kaempferi (Fabricius)

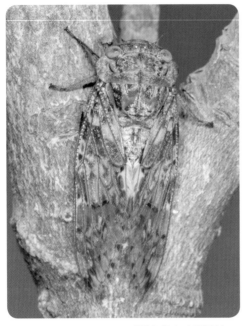

蟪蛄成虫（背面）　　　　　　　　　　　　蟪蛄成虫（侧面）

　　成虫：雄虫体长 19.2 ~ 24.0 毫米，前翅长 26.2 ~ 28.5 毫米。雌虫体长 20.8 ~ 24.6 毫米，前翅长 30.5 ~ 9.4 毫米。体中型，粗短，密被银白色短毛。头冠明显窄于前胸背板，约与中胸背板基部等宽或稍宽；腹部稍短于头、胸部。头、前、中胸背板橄榄绿色。复眼间横带、单眼区、顶侧区段纵纹及复眼内缘均为黑色；后唇基基部具狭横纹，后唇基中央具很宽的黑色纵沟。前唇基仅中部有 1 个橄榄色板，其余为黑色；喙管较长，明显超过后足基节，有的长达第三腹节。前胸背板中纵带及其两侧斑纹、斜沟、内区侧缘、侧区前角叶及后缘区斑纹均为黑色。前翅基半部不透明，污褐色或灰褐色，基室黑褐色；后翅外缘透明，其余部位深褐色，不透明。**若虫**：黄褐色，有翅芽，形似成虫。腹背微绿。前足腿节、胫节发达，有齿，为开掘足。**卵**：梭形，长 1.5 毫米，初为乳白色，后渐变成黄色。

生物学特性：数年发生 1 代，以若虫在土中越冬，但每年均有 1 次成虫发生。若虫在土中生活，数年老熟后于 5 ～ 6 月中、下旬在落日后出土，爬到树干或树干基部的树枝上蜕皮，羽化为成虫。刚蜕皮的成虫为黄白色，经数小时后变为黑绿色，不久雄虫即可鸣叫。成虫主要在白天活动。7 ～ 8 月为产卵盛期，卵产于当年生枝条内，每孔产数粒，产卵孔纵向排列，每枝可着卵百余粒，枝条因伤口失水而枯死。卵当年孵化，若虫落地入土，吸食根部汁液。

危害寄主：桉树、相思、柑橘、枇杷、梨、苹果、杏、山楂、桃、李、梅、柿、核桃等植物。

危害症状：幼虫吸取多年生植物的树根汁液，成虫则吸取枝条上的汁液。特别是雌蟪蛄数量多的时候，产卵时刺破树皮，阻止树枝上养料的运输，从而导致树枝枯死，影响产量。

防治方法：① **诱杀**：晚上利用其趋光性的特点，使用黑光灯或高压汞灯诱杀。② **生物防治**：2% 阿维·苏云金杆菌可湿性粉剂 1000 ～ 1500 倍液喷雾。③ **化学防治**：使用 25% 灭幼脲Ⅲ可湿性粉剂 1000 ～ 1500 倍液喷雾。

蟪蛄成虫（背面）

蟪蛄成虫（侧面）

灰同缘小叶蝉 （中文别名：秋枫叶蝉）

Coloana cinerea (Dworakowska)

被灰同缘小叶蝉危害的植物叶片

成虫：雌成虫腹部末端为圆形，具黑色弯刀状产卵器。雄虫腹部末端有两个发达的尾节侧瓣，周围排列一圈白色刚毛，中间为排泄孔。

若虫：1龄若虫：初孵时乳白色，复眼红褐色，触角浅白色，胸足白色，腹部各节具长刚毛。2龄若虫：乳白色，复眼红褐色，胸部背面有黑色短毛，虫体遍布刚毛。3龄若虫：淡黄色，复眼红褐色，口器红棕色，开始具有翅芽。4龄若虫：体黄色，复眼红褐色，翅芽伸达腹部第2节。5龄若虫：头部浅褐色，复眼红褐色，胸部及翅芽浅褐色，翅芽伸达腹部第5节中部或末端。**卵**：初产乳白色，呈长香蕉形，端部尖细向一侧弯曲，底部宽椭圆形。

灰同缘小叶成虫

生物学特性：一年发生 3 代以上，世代重叠现象严重，一年四季可见若虫和成虫同时存在。以若虫和成虫聚集栖息于叶背面，成虫将卵产在叶片组织内，成虫喜飞翔，具有趋光性，受到惊动时迅速飞离树叶。以成虫、若虫刺吸植物汁液，受害叶片呈现小白斑，严重时全叶发白，有的叶片皱缩、卷曲。秋枫嫩叶被叶蝉危害后，叶尖先干枯，然后整块叶片干枯、脱落；老叶被害后，叶色变浅，并无明显脱落现象。每年 5 ~ 6 月、9 ~ 10 月为发生高峰期。

危害寄主：秋枫、重阳木。

危害症状：是危害秋枫的主要害虫之一。叶片受害后叶片正面出现黄褐色斑点，严重时全叶枯黄而提前脱落。

防治方法：① 化学防治：a．使用 30% 氯胺磷乳油 2000 ~ 3000 倍液喷雾防治。b．使用 20% 叶蝉散乳油 2000 ~ 3000 倍液对成虫和若虫的杀虫效果最好。c．使用 40% 乐果乳油 800 ~ 1000 倍液、或 4.5% 高效氯氰菊酯乳油 1500 ~ 2000 倍液，或 10% 吡虫啉可湿性粉剂 800 ~ 1000 倍液的杀虫效果较好。d．苗圃使用配制药剂进行灌根和喷雾杀虫。预防：每年 3 月底 4 月初根部使用"一灌树无虫" 100 毫升兑水 300 千克进行灌根。治疗：虫害发生时，使用"暴蚜珍"或"叶虫净" 200 毫升兑水 300 千克进行叶面喷雾。7 天后重复一次。

被灰同缘小叶蝉危害的秋枫叶片

榕卵痣木虱 （中文别名：榕斑翅木虱、细叶榕木虱）

Macrohomotoma gladiatean Kuwayama

榕卵痣木虱危害状

榕卵痣木虱危害状

成虫：体长 4 ~ 5 毫米，棕绿色，体大而粗壮，头部前方较平，复眼向两侧凸，呈褐色。触角 10 节，前、后翅透明，前翅前缘 1/3 处有一尖角状褐斑，后胸小盾片具一对角突。胸腹部背面棕色，腹面绿色。雌虫腹部纺锤形，末端尖，卵鞘匕首状，坚韧。**卵**：呈纺锤体形，一端较尖，初期黄白色半透明，后转变为浅褐色。**若虫**：1 ~ 2 龄体较扁，1 龄体长 0.4 ~ 0.6 毫米，黄红色，2 龄体长 1.2 毫米。翅芽突凸。腹部分泌大量白色蜡丝。

榕卵痣木虱危害状

生物学特性：一年发生 4 代，以若虫越冬。4 ~ 10 月间世代重叠。但以 4 ~ 9 月为发生盛期，榕树发新梢时特别严重。若虫潜居于白色棉絮中，在嫩梢的顶端及侧面形成一个个白色小团，在其中吸食树木汁液，其排泄物还诱发煤污病。

危害寄主：细叶榕等榕属植物。

危害症状：主要危害榕树新梢和叶片，受害严重时，叶片皱缩，逐渐变色脱落。被害虫分泌物污染的叶片常会诱发煤污病。

防治方法：① **营林措施**：修剪树枝，4 月至 5 月初为细叶榕木虱防治的关键阶段，对虫害严重的树枝进行适当修剪。② **化学防治**：使用 10% 吡虫啉可湿性粉剂、或 40% 氧化乐果乳油 800 ~ 1000 倍液喷雾，虫害较严重时，15 ~ 20 天后再防治 1 次。

榕卵痣木虱危害状

黑刺粉虱 （中文别名：橘刺粉虱、桔刺粉虱、刺粉虱）

Aleurocanthus spiniferus (Quaintanca)

半翅目
Hemiptera

粉虱科
Aleyrodidae

被黑刺粉虱为害的植物枝条

成虫：成虫体长 0.96 ~ 1.3 毫米，头胸部黑褐色，腹部橙红色，前翅紫褐色，翅的边缘和翅面约有 8 个不规则的白色斑纹，触角 7 节，雌、雄虫成虫外生殖器发达。**卵：**淡褐色，长卵形，长 0.2 毫米，宽 0.1 毫米，卵壳表面有花纹，后端有一个卵柄。**若虫：**若虫椭圆形。共 4 龄，背刺随龄期的增加而增加，分别是 3 对至 29 对，体色黑色有光泽，体缘部分泌一圈白色蜡状物。**蛹：**椭圆形，长 0.7 ~ 1.1 毫米，漆黑有光泽，壳边锯齿状，周缘有较宽的白蜡边，背面显著隆起。

被黑刺粉虱为害的植物叶片

生物学特性：一年发生 4 ~ 5 代，以 2 ~ 3 龄若虫在叶背越冬，翌年 3 月上旬至 4 月上旬化蛹，3 月中下旬开 . . . 为成虫。成虫喜阴暗环境，多在树冠内新梢上活动，卵多产于叶背，散生或密集为圆弧形，常数粒至数十粒在一起。初孵若虫爬行不远，多在卵壳附近营固定式刺吸生活，脱皮后将皮壳留在体背上。末龄若虫皮壳硬化为蛹，即蛹壳。各代发生虫口多寡与温湿度关系密切，适温（30℃以下）和高湿（相对湿度 90% 以上）对成虫羽化和卵的孵化有利。反之，过高的温度（月均温 30℃以上）和低湿（相对湿度 80% 以下）则不利，故通常。

危害寄主：樟树、茶、油茶、柑橘、枇杷、栗、龙眼、香蕉、橄榄、月季、白蓝、米兰、榕树等植物。

危害症状：主要为害当年生春梢、夏梢和早秋梢。以若虫聚集叶片背面固定吸汁危害、形成黄斑，其排泄物能诱发煤烟病，致枝叶发黑，枯死脱落，树势衰弱。

防治方法：① **营林措施**：抓好清园修剪，合理施肥。② **化学防治**：在粉虱危害严重时，1 ~ 2 龄若虫盛发期选用 20% 扑虱灵可湿性粉剂 2500 ~ 3000 倍液，或 95% 蚧螨灵乳油 200 ~ 250 倍液，或 90% 美曲膦酯晶体 500 ~ 800 倍液，或 80% 敌敌畏 1000 ~ 1500 倍液，或 50% 马拉硫磷乳油 1000 ~ 1500 倍液，或 40% 敌畏乐果乳油 1000 ~ 1500 倍液进行喷雾防治。

被黑刺粉虱为害的植株

丽棉蚜 （中文别名：火力楠丽棉蚜、白兰丽棉蚜、白兰台湾蚜）

Formosaphis micheliae Takahashi

半翅目
Hemiptera

瘿棉蚜科
Ricaniidae

丽棉蚜

被丽棉蚜危害的植株

从形态上可分为有翅型和无翅型两类。有翅型蚜体褐黑色，体长 1.9 ~ 2.4 毫米。翅展 5.6 ~ 6.0 毫米，停歇时呈屋脊状覆于体背上。头部黑褐色；触角刚毛状、5 节、上具一些初生和次生感觉圈以及少量刺毛、末节短小；单眼 3 个、复眼发达；口器刺吸式。胸部黑色、蜡板发达。足浅褐色、较无翅型的足细长。胸部褐色。腹管缺，尾片呈钝三角形。无翅型蚜体长 1.8 ~ 2.2 毫米，初生时淡黄色、后随虫龄的增加渐变为橘黄色。头部浅褐色，上有一近方形深黑色斑；触角 4 节、浅褐色、上具一些初生和次生感觉圈以及少量刺毛、末节短小；无单眼和复眼，仅在复眼位置各有一黑色素斑；口器刺吸式。胸腹部橘黄色、膨大。足三对、浅褐色。腹管缺，尾片褐色、钝三角形。腹背面覆盖的白色绵丝状蜡质分泌物随虫龄的增加而增多，长度较有翅型蚜的短。

生物学特性：以幼蚜虫态（若虫）在受害树修枝后形成的凹陷口或枝干的皱褶中越冬，4月中旬开始繁殖，以孤雌胎生为主，虫口量迅速增加，并逐渐扩散，爬满寄主的枝干，像涂上一层灰白色粉末。直至11月中旬虫口量逐渐下降。以无翅型蚜为主，有翅型蚜少见，只有在虫口密度过大或高温的情况下才有部分有翅型蚜出现，并与无翅型蚜群集一起。

危害寄主：火力楠、白兰、玉兰。在日本为害窄叶含笑。

危害症状：树皮受丽棉蚜危害后，表皮逐渐变成凹凸状并增厚、形成很多纵向表皮裂纹，大量丽棉蚜继续在裂纹内两侧吸汁液和危害。白兰树受害2～3年后，下层枝条枯死、中下层叶片变黄并大量脱落、树冠上层生长减慢、叶片长出后转绿缓慢；随着受丽棉蚜的连年为害，白兰侧枝由下层向上层逐渐地枯死，直至整株树死亡。

防治方法：① **营林措施**：砍除受害树部分枝条，增加透光、减少湿度以减轻危害。② **化学防治**：用40%毒死蜱乳油，或40%乐果乳油，或80%敌敌畏乳油另加少量的洗衣粉，兑水500～800倍，充分搅拌后直接喷洒到受害树干枝条上，10天一次，连续2～3次。如条件许可，喷药前可先用破碎布条扎成束后，在树干表面的虫体蜡质层推抹，后再喷药，可以显著提高防治效果。

丽棉蚜的寄主植物

湿地松粉蚧 （中文别名：火炬松粉蚧）

Oracella acuta (Lobdell) Ferris

湿地松粉蚧蜡包外形成的煤污

湿地松粉蚧为害松梢的部位

成虫：雌成虫体长 1.5 ～ 1.9 毫米，浅红色，梨形。体背面前后有 1 对背裂唇。腹面在第三、四腹节交界的中线处横跨 1 个较大的脐斑。从腹末往前数共有腺堆 4 ～ 7 对。背、腹两面散布短刚毛和三孔腺。在头胸部外侧边缘和腹部背腹两面有多孔腺分布。雄成虫粉红色，中胸大，黄色。有翅型雄虫具 1 对白色的翅。**卵**：长椭圆形，浅红色至红褐色。**若虫**：椭圆形，浅黄色至粉红色，中龄若虫腹末有 3 条白色蜡丝，高龄若虫分泌蜡质物形成蜡包覆盖虫体。

雄蛹：离蛹，粉红色，具白色粒状蜡质和 2 ～ 3 倍于体长的灰白色蜡丝。

湿地松粉蚧雌成虫和卵

生物学特性：一年发生 3 ~ 4 代，以 3 代为主，世代重叠。以中龄若虫越冬，没有明显的越冬阶段，但冬季发育迟缓。寄生于当年生或 2 年生的松树梢头，部分寄生于嫩枝及新鲜球果上。初孵若虫孵化后聚集在雌成虫的蜡包内，天气适宜时爬出，在松树枝、梢、叶处不停活动，并随气流被动扩散，扩散方向与东南季风方向一致，自然扩散距离一般为 17 千米，最远可达 22 千米。部分初孵若虫在较隐蔽的嫩梢、针叶束或球果上聚集生活。1 年中有 2 个扩散高峰，分别是 4 月中旬至 5 月中旬和 9 月中旬至 10 月下旬。该蚧虫可借助于寄主苗木、无性系穗条、嫩枝及新鲜球果作远距离传播。

危害寄主：火炬松、湿地松、长叶松、裂果沙松、萌芽松、矮松、马尾松、加勒比松等松属植物。

危害症状：以若虫为害湿地松松梢、嫩枝及球果。受害的松梢轻者抽梢、针叶伸展长度均明显地减少。严重时梢上针叶极短，不能伸展或顶芽枯死、弯曲，形成丛枝。主要老针叶大量脱落可达 70% ~ 80%；尚存针叶也因伴发煤污病影响光合作用。球果受害后发育受限制，变小而弯曲，变形，影响种子质量和产量。

防治方法：① **营林措施**：合理调节发生区林木郁闭度，提高林分抗性以降低危害。② **生物防治**：粉蚧长索跳小蜂是湿地松粉蚧当地的重要天敌，应重点保护。③ **化学防治**：使用 1% 苦参碱乳油 800 ~ 1000 倍液，或 25% 高渗苯氧威可湿性粉剂 1500 ~ 2000 倍液，每隔 10 天施药 1 次，连续施药 3 ~ 5 次。

湿地松粉蚧为害的松梢

扶桑绵粉蚧 （中文别名：大红花绵粉蚧）

Phenacoccus solenopsis Tinsley

半翅目
Hemiptera

粉蚧科
Pseudococcidae

被扶桑绵粉蚧危害的扶桑枝条

　　成虫： 雄成虫虫体较小，长约 1.24 毫米，宽 0.3 毫米。体黑褐色。眼睛突出，红褐色。具 1 对发达透明前翅，腹末端具有 2 对白色长蜡丝。雌成虫卵圆形，长 3.0 ~ 4.2 毫米，宽 2.0 ~ 3.1 毫米。体表被厚实的白色蜡粉。**卵：** 卵产在白色棉絮状的卵囊里，橘色至粉红色。**若虫：** 一龄若虫长 0.71 ~ 0.73 毫米，宽 0.36 ~ 0.38 毫米；二龄若虫长 0.75 ~ 1.1 毫米，宽 0.36 ~ 0.65 毫米；三龄若虫长 1.02 ~ 1.73 毫米，宽 0.82 ~ 1.00 毫米。淡黄色至橘黄色，背部有一系列的黑色斑，全背有微小刚毛分布，体表被白色蜡质分泌物覆盖。**蛹：** 预蛹和蛹非常小，预蛹总长 1.35 ~ 1.38 毫米，腹部前宽 0.53 ~ 0.55 毫米。

扶桑绵粉蚧

生物学特性：寄主范围很广的昆虫，生活周期为 23 ～ 30 天，成虫体粉红色，表面覆盖白色蜡状分泌物。生殖力强，雌成虫可产 500 ～ 600 粒卵，每年可发生 10 ～ 15 代。通过气流进行短距离扩散，也可借助水、床土、人类、家畜和野生动物扩散，以低龄若虫或卵在土中、作物根、茎秆、树皮缝隙中、杂草上越冬。

危害寄主：扶桑绵粉蚧的寄主植物很多，已知的有 57 科 149 属 207 种；其中以锦葵科、茄科、菊科、豆科为主。

危害症状：一是刺吸植物的叶、嫩茎汁液，致使叶片萎蔫和嫩茎干枯，植株生长矮小。二是在侵害部位堆积白色蜡质物质。三是排泄的蜜露，引诱蚂蚁活动，滋生黑色霉菌，影响棉花光合作用，生长受抑制。

防治方法：① **营林措施**：及时铲除林地杂草。② **预测预报**：加强虫情监察，及时发现。③ **化学防治**：a．低龄若虫高峰期，使用 40.7% 毒死蜱乳油 1000 ～ 1500 倍液进行喷雾。b．使用 25% 吡虫啉悬浮剂，或 40% 丙溴磷乳油，或 20% 灭多威乳油 1000 ～ 1500 进行喷雾。

被扶桑绵粉蚧危害的扶桑枝条

无花果蜡蚧 （中文别名：榕龟蜡蚧，拟叶红蜡蚧，蔷薇蜡蚧）

Ceroplastes rusci (Linnaeus)

半翅目
Hemiptera

蚧 科
Coccidae

被无花果蜡蚧为害的植物枝条

若虫：1～2龄蜡壳长椭圆形，白色，背中有1长椭圆形蜡帽，帽顶有1横沟，体缘有约15个放射状排列的干蜡芒。雌成虫：蜡壳白色到淡粉色，稍硬化，周缘蜡层较厚。蜡壳分为9块，背顶1块，其中央有1红褐色小凹，1～2龄干蜡帽位于凹内，侧缘的蜡壳分为8块，近方形，每一侧有3块，前后各有1块；初期每小块蜡壳之间由红色的凹痕分隔开来，每小块中央有内凹的蜡眼，内含白蜡堆积物。后期蜡壳颜色变暗，呈褐色，背顶的蜡壳明显凸起，侧缘小蜡壳变小，分隔小蜡壳的凹痕变得模糊。整壳长1.5～5.0毫米，宽1.5～4.0毫米，高1.5～3.5毫米。

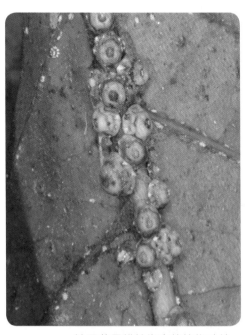

被无花果蜡蚧为害的植物叶片

生物学特性：年发生代数因地区而异，每年 1～4 代。在年发生 2 代的地区，越冬雌成虫于 4 月中旬至 5 月　　产卵，5～6 月为卵的孵化高峰期，1 龄若虫沿着叶正面中脉固定吸食，6 月下旬，部分若虫转移至叶梗或当年生枝条上直至发育成熟。新的雌成虫和雄虫主要出现在 7 月，8 月第 2 代 1 龄若虫开始发育。

危害寄主：漆树科植物、番荔枝科植物、夹竹桃科植物、冬青科的秋枫、大叶紫薇、杧果、毛叶番荔枝、刺果番荔枝、黄花夹竹桃、欧洲冬青、椰子、刺葵、凤仙花、毛叶破布木、合欢、月桂、鳄梨、无花果、印度榕、榕树、香蕉、大蕉、番石榴等几十种植物。

危害症状：吸食寄主汁液对植物的枝干、嫩梢、叶片和果实造成的直接危害，还分泌大量的蜜露，诱发煤污病。

防治方法：① **营林措施**：人工剪除带虫枝条并烧毁。② **化学防治**：防治若虫，使用 40% 氧化乐果乳油 1000～1500 倍液，或 50% 杀螟硫磷乳油 800～1000 倍液，或 25% 噻嗪酮可湿性粉剂 800～1000 倍液，或 40.7% 乐斯本乳油乳油 1000～2000 倍液进行喷雾。

被无花果蜡蚧危害的秋枫树叶黄化并产生煤污

埃及吹绵蚧

Icerya aegyptiaca (Douglas)

半翅目
Hemiptera

绵蚧科
Margarodidae

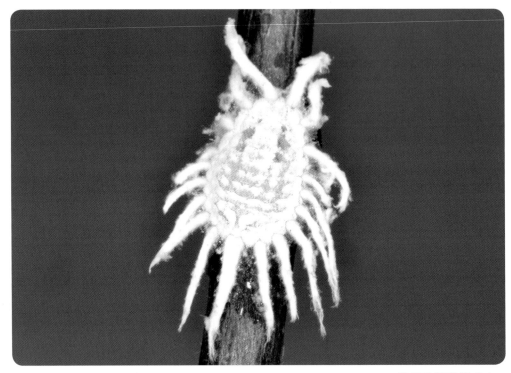

埃及吹绵蚧雌成虫

雌成虫：体长约6毫米，宽约4毫米。橙黄色，椭圆形，上下扁平，体背有白色蜡质分泌物覆盖，体四周有触须状蜡质分泌物。**卵**：长0.76～0.83毫米。淡黄色；椭圆形。**若虫**：初孵若虫淡黄色，足褐色。

埃及吹绵蚧雌成虫

生物学特性：一年 3 ～ 4 代，以各种虫态越冬，4 月下旬至 11 月中旬发生数量最多。2 龄后虫体四周开始有触须状蜡质分泌物，并可在大枝及主干上自由爬行。若虫及成虫喜聚集在新梢及叶背的叶脉两旁吸取汁液，一般不移动，其分泌的蜜露，常导致被害树木发生煤污病。埃及吹绵蚧可雌雄异体受精，又可孤雌生殖。在林间很难发现雄成虫。雌成虫为雌雄同体，每头雌虫卵囊内有卵 200 粒以上。雌虫产卵期长，其寿命约 60 天。温暖湿润气候有利其发生，全年可见危害，在温暖的冬天越冬不明显。

危害寄主：木兰科植物。多花含笑、白兰、荷花玉兰、香木莲、楠木、菩提榕、桑、菠萝蜜、无花果、非洲芙蓉、山黄麻、朴树、龙船花、番石榴、玫瑰、柑橘、樟树、变叶木、八宝树、囊瓣木等植物。

危害症状：雌成虫和若虫危害植物枝叶片。成群聚集在叶背面或嫩枝上吸取植物汁液，少则数头，多则近百头。此虫排泄蜜露，诱致煤污病。树木受害后造成枝枯叶落，树势衰弱，甚至全株枯死。

防治方法：① **营林措施**：发生虫害严重的地方，冬季要清洁园地，剪去带虫害的枝条，并将枯枝落叶清除，一并烧毁。② **化学防治**：a．在 4 月上中旬第一代若虫发生盛期，使用 40% 速扑杀乳油 800 ～ 1000 倍液，或 25% 优乐得可湿性粉剂 800 ～ 1000 倍液，或 40% 氧化乐果乳 1000 ～ 1500 倍液，或 40.7% 乐斯本乳油 1000 ～ 2000 倍液喷雾。b．小树每株根际使用 3% 呋喃丹颗粒剂 5 ～ 7 克，苗圃每平方使用 3% 呋喃丹颗粒剂 10 克进行防治。

埃及吹绵蚧为害状

吹绵蚧 （中文别名：澳洲吹绵蚧、黑毛吹绵蚧、绵团蚧）
Icerya purchasi Maskell

半翅目
Hemiptera

绵蚧科
Margarodidae

吹绵蚧雌成虫和若虫

雌成虫：体椭圆或长椭圆形，长 5～10 毫米，宽 4～6 毫米，橘红或暗红色，足和触角黑色；体表生有黑色短毛，背被白色蜡，向上隆起，以中央向上隆起较高，腹面平坦。雄成虫胸部红紫色，有黑骨片，腹部橘红色；前翅狭长，暗褐色，基角处有 1 个囊状突起，后翅退化成匙形的拟平衡棒；腹末有肉质短尾瘤 2 个，其端部有长刚毛 3～4 根。**卵**：长 0.7 毫米，长椭圆形，初产时橙黄色，后橘红色。卵囊白色，半卵形或长形。**若虫**：雌性 3 龄，雄性 2 龄，各龄均椭圆形，眼、触角及足均黑色；1 龄若虫橘红色，触角端部膨大，有长毛 4 根，腹末有与体等长的尾毛 3 对；2 龄若虫体背红褐色，上覆黄色蜡粉，散生黑毛，雄性体较长，体表蜡粉及银白色细长蜡丝均较少，行动较活泼；3 龄若虫均属雌性，体红褐色，表面布满蜡粉及蜡丝，黑毛发达。**蛹**：长 3.5 毫米，橘红色，被有白色薄蜡粉；茧长椭圆形，白色，茧质疏松，由白蜡丝组成。

生物学特性：华南地区一年 3 ~ 4 代，世代重叠，以各种虫态过冬；各代卵和若虫发生盛期分别为 4 ~ 5 月、6 ~ 7 月、8 ~ 9 月、10 ~ 11 月，其中以 4 ~ 6 月发生的数量最多，秋凉以后则逐渐减少，温暖高湿有利于吹绵蚧大发生。初孵若虫活跃，1、2 龄向树冠外层迁移，2 龄后渐向大枝和主干爬行。成虫喜集居于主梢向阴面及树杈处，或枝条或叶上，吸取营养并营囊产卵，不再移动。由于其若虫和成虫均分泌蜜露，被害林木常发生烟霉病。雄虫数量极少，且飞翔力弱。多发生在林木过密、潮湿、不通风透光的地方。温湿度对其发生关系密切，温暖湿高适宜，适宜活动的温度为 22 ~ 28℃，干热则不利，高于 39℃容易死亡。

危害寄主：木麻黄、台湾相思、海桐、桂花等 80 科 250 余种植物。

危害症状：雌成虫和若虫危害植物枝叶。成群聚集在叶背面或嫩枝上吸取植物汁液，少则数头，多则近百头。此虫排泄蜜露，诱致煤污病。树木受害后造成枝枯叶落，树势衰弱，甚至全株枯死。

防治方法：① **营林措施**：人工刮除虫体或剪除虫枝，保持植株生长通风透光，增强林分抗性。② **生物防治**：澳洲瓢虫和大后瓢虫是吹绵蚧的重要天敌应重视保护和人工迁入。③ **化学防治**：a．第 1 代若虫孵化高峰期防治特别重要，使用烟碱乳油 800 ~ 1000 倍液，或 40% 氧化乐果乳油 1500 ~ 2000 倍液喷雾。b．虫口密度高的植物冬季用石硫合剂 1 ~ 3 波美度，夏季使用 0.3 ~ 0.5 波美度石硫合剂喷洒或松碱合剂 20 倍液喷洒。

吹绵蚧雌成虫

松突圆蚧
Hemiberlesia pitysophila Takagi

松突圆蚧

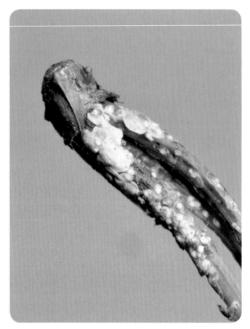

松突圆蚧

成虫：雌成虫体宽梨形，淡黄色，臀板硬化。体长 0.7 ~ 1.1 毫米；头胸部最宽，0.5 ~ 0.9 毫米。臀叶 2 对，中臀叶突出，第二臀叶小，不两分。雄成虫体橘黄色，长 0.8 毫米左右，翅展 1.1 毫米。前翅膜质，翅脉 2 条。**卵**：椭圆，淡黄。长约 0.25 毫米，宽约 0.12 毫米。**若虫**：卵圆形，扁平，淡黄，长约 0.22 ~ 0.35 毫米，宽约 0.12 ~ 0.30 毫米。**蛹**：椭圆，淡黄，长约 0.75 毫米，宽约 0.40 毫米，复眼黑色。

松突圆蚧

生物学特性：广东南部一年 5 代，世代重叠，无明显的越冬期。初孵若虫出现的高峰期是 3 月中旬至 4 月中旬，6 月初至 6 月中旬，7 月底至 8 月上旬，9 月底至 11 月中旬，其中以 3 ～ 5 月第 1 次盛发期增殖数量最多。雌成虫交尾后 10 ～ 15 天开始产卵。各代雌蚧产卵期少则 1 个月，多则 3 个月以上，产卵量以越冬代（第五代）和第一代最多，约 64 ～ 78 粒。初孵若虫沿针叶来回爬动，寻找合适的寄生场所，经 1 ～ 2 小时后即把口针插入针叶内固定吸食，5 ～ 19 小时开始泌蜡，20 ～ 32 小时可封盖全身。风对初孵若虫的传播有决定性的作用，初孵若虫随风传播的距离，最远的可达 8 千米。林地荫蔽多湿有利于松突圆蚧的发生。

危害寄主：马尾松、湿地松、加勒比松等松属植物。

危害症状：松突圆蚧主要以成虫和雌若虫群栖吸取汁液，致使松针受害处变褐、发黑、缢缩或腐烂，继而针叶上部枯黄卷曲或脱落，枝梢萎缩，抽梢短而少，严重影响松树生长，使马尾松等松树树势衰弱。

防治方法：① **营林措施**：合理调节发生区林木郁闭度，增强林分抗性，不利于松突圆蚧的发生。② **生物防治**：友恩蚜小蜂和黄蚜小蜂为当地松突圆蚧重要的卵寄生蜂并摄食雌蚧，只要保护好此昆虫天敌，可控制松突圆蚧在不成灾水平。③ **化学防治**：使用 25% 喹硫磷乳油 500 ～ 800 倍液，或 40% 氧化乐果乳油 1000 ～ 1200 倍液喷雾。使用 1% 苦参碱 800 ～ 1000 倍液，或 25% 高渗苯氧威可湿性粉剂 1500 ～ 2000 倍液喷雾，每隔 10 天施药 1 次，连续施药 3 ～ 5 次。

松突圆蚧

矢尖盾蚧

Unaspis yanonensis Kuwana

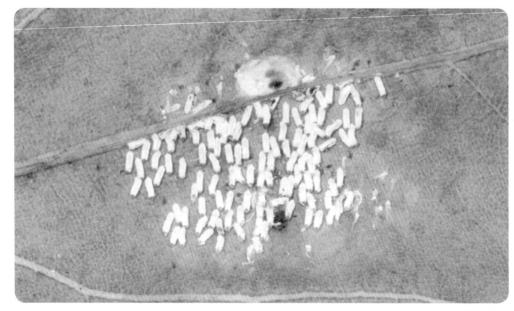

矢尖盾蚧

雌成虫：蚧壳长条形，前尖后宽，常微弯曲，长 2～3 毫米，棕褐色至黑褐色，边缘灰白色；1 龄、2 龄黄褐色的蜕皮壳置于蚧壳前端，蚧壳背面中央具有 1 条明显的纵脊，其两侧有许多向前斜伸的横纹。

雄成虫：蚧壳狭长，长 1.2～1.6 毫米，粉白色棉絮状，背面有 3 条纵脊，1 龄黄褐色的蜕皮壳置于前端。雄成虫体长 0.5 毫米，橙黄色，具发达的前翅，后翅特化为平衡棒，腹末性刺针状。

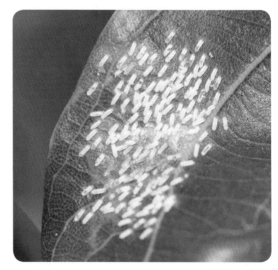

矢尖盾蚧

生物学特性：一年发生 2 ～ 3 代。以受精雌成虫在枝和叶上越冬。翌春 4 ～ 5 月产卵在雌介壳下。第一代若虫 5 月下旬开始孵化，多在枝和叶上危害；7 月上旬雄虫羽化，下旬第二代若虫发生；9 月中旬雄虫羽化，下旬第三代若虫出现；11 月上旬雄虫羽化，交尾后，以雌成虫越冬，少数也以若虫或蛹越冬。在温室内周年危害。

危害寄主：秋茄、桂花、梅花、山茶、芍药、樱花、丁香、柑橘、金橘等多种植物。

危害症状：若虫和雌成虫刺吸枝干、叶和果实的汁液，重者叶片干枯卷缩，削弱树势甚至枯死。

防治方法：① **人工防治**：可用毛刷清除虫体，有虫枝集中烧毁。② **营林措施**：合理疏枝，保持通风透光，增强林分抗性。③ **生物防治**：保护和利用天敌昆虫，迁入当地瓢虫。④ **化学防治**：a. 使用 25% 喹硫磷乳油 500 ～ 800 倍液喷雾。b. 使用 40% 氧化乐果乳油 1000 ～ 1200 倍液喷雾。c. 使用 1% 苦参碱 800 ～ 1000 倍液，或 25% 高渗苯氧威可湿性粉剂 1500 ～ 2000 倍液喷雾，每隔 10 天施药 1 次，连续施药 3 ～ 5 次。

矢尖盾蚧雌成虫和若虫

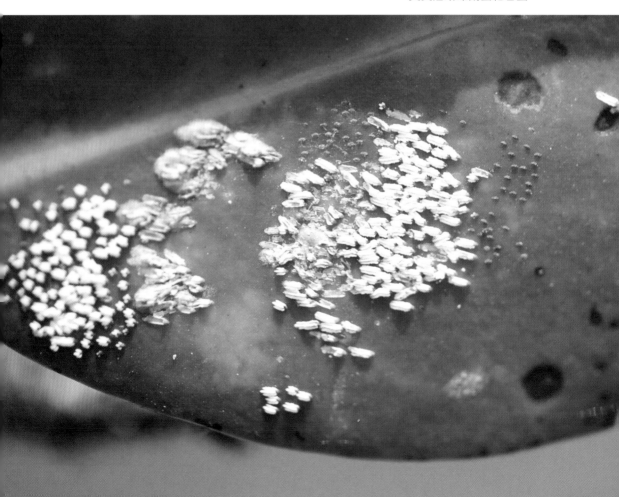

山竹缘蝽
Notobitus montanus (Hsiao)

半翅目
Hemiptera

缘蝽科
Coreidae

山竹缘蝽成虫

成虫：体长 18 ~ 25 毫米，宽 6.5 ~ 7.0 毫米。黑褐色至黑色。被黄褐色短毛，头短，长宽比 2：3；触角基部 3 节基部几乎等长，第四节基半部淡色，余为黑色。复眼突出，黑褐色；喙黑褐色，伸达中足基节间。前胸背板，小盾片密布粗刻点；前胸背板具"领"，黄褐色，有浅横皱纹，前缘内凹，后缘中央内凹，侧角圆，不突出；前翅革片黑褐色，膜片烟褐色，超过腹末，腹部侧缘外缘线黄棕色，节间处黑色，气门黑色，其周围色浅。**卵**：扁椭圆形，长 1.48 ~ 1.64 毫米，宽 1.16 ~ 1.32 毫米。初产时金黄色，具有金属光泽，后光泽渐暗，颜色加深，呈暗铜黄色。卵以 2 排交错镶嵌、纵向产于竹小枝、竹叶背面及杂灌木上。**若虫**：初孵若虫体长 3.5 毫米，黑褐色，触角长于体，足细长。老熟若虫体长 19 ~ 21 毫米，黑褐色或淡灰褐色，触角黑色，第四节基半部锈黄色。前胸背板中区、小盾片、翅芽基部黑褐色，臭腺孔黄色，其周围黑色。腹部侧缘黄色。

生物学特性： 一年发生 2 ~ 3 代。以受精雌成虫在枝和叶上越冬。翌春 4 ~ 5 月产卵在雌介壳下。第一代若虫 5 月下旬开始孵化，多在枝和叶上危害；7 月上旬雄虫羽化，下旬第二代若虫发生；9 月中旬雄虫羽化，下旬第三代若虫出现；11 月上旬雄虫羽化，交尾后，以雌成虫越冬，少数也以若虫或蛹越冬。在温室内周年危害。

危害寄主： 刚竹属的尖头青竹、白哺鸡竹、甜竹等，箣竹属的小勒竹、小佛肚竹等，牡竹属的龙竹、吊丝竹等，绿竹属的绿竹、花头黄竹等竹种。

危害症状： 若虫和雌成虫刺吸枝干、叶和果实的汁液，重者叶片干枯卷缩，削弱树势甚至枯死。

防治方法： ① **人工防治：** 在成虫产卵期，人工摘除卵块。② **生物防治：** 保护天敌和迁入当地瓢虫等天敌可控制害虫数量增长。③ **化学防治：** 在害虫危害期，使用 1.2% 烟碱·苦参碱乳油，或 1% 苦参碱可溶性液剂（喷烟型），或 1.8% 阿维菌素乳油，用 6HYB-25BI 背负式直管烟雾机进行烟雾防治，防治效果 80%。二种苦参碱药剂使用量为 1：9，阿维菌素药剂使用量为 1：40。

山竹缘蝽成虫和若虫

黄胫佅缘蝽 （中文别名：黄胫巨缘椿）

Mictis serina Dallas

黄胫佅缘蝽成虫

　　成虫： 体长 27 ~ 30 毫米。黄褐色。触角第 4 节及各足跗节棕黄色。前胸背板中央有一条纵走浅刻纹，侧角稍扩展。腹部第 3 腹板后缘两侧各具 1 个短刺突，第 3 腹板与第 4 腹板相交处中央形成分叉状巨突。各足胫节污黄色。雌雄外观近似，但雄虫后脚腿节较粗大，雌虫体色较淡。

生物学特性：一年发生2代，以成虫在寄主附近的枯枝落叶下过冬。次年3月上中旬开始活动，4月下旬开始交尾，4月底至5月初开始产卵，直至7月初，6月上旬至7月中旬陆续死亡。第1代若虫于5月中旬初至7月中旬孵出，6月中旬至8月中旬初羽化，6月下旬至8月下旬初产卵，7月下旬至9月上旬先后死去。第2代若虫于7月上旬至9月初孵出，8月上旬至10月上旬羽化，10月中下旬至11月中旬陆续进入冬眠。卵产于小枝或叶背上，初孵若虫静伏于卵壳旁，不久即在卵壳附近群集取食，一受惊动，便竞相逃散。2龄起分开，与成虫同在嫩梢上吸汁。

危害寄主：桉树、土肉桂、台湾擦树和樟科植物。

危害症状：成虫、若虫吸取枝条上的汁液，阻止无机盐和水分对树枝上养料的运输，导致树枝枯死。

防治方法：① **人工防治**：在阴雨天或晴天早晨露水未干前，成、若虫不活泼，多栖息在树冠外围叶片上，可在此时进行捕杀。② **生物防治**：黄猄蚁和平腹小蜂是重要天敌，加强保护和迁入，对防治可起到很大的作用。另外，在5~9月摘除叶片上的卵块时，发现有寄生蜂的卵块应保留。③ **化学防治**：在初龄若虫盛期喷药，使用90%晶体美曲膦酯800~1000倍液，或20%杀灭菊酯乳油2000~3000倍液进行喷雾防治。

被黄胫侏缘蝽危害的枝条

黑胫俏缘蝽

Mictis fuscipes Hsiao

半翅目
Hemiptera

缘蝽科
Coreidae

黑胫俏缘蝽成虫

　　成虫：体长 23～30 毫米，宽 8～10 毫米；体色棕褐色，背面剃毛棕黄色，触角基部 3 节黑褐色，第四节棕黄色；前胸背板中央有 1 条纵走的浅刻纹；前、后侧缘完整，无齿或突起；测角向外扩展，几成直角，扁薄且上翘；各足胫节黑色，跗节棕黄色。腹部侧缘节间浅色。

生物学特性：一年发生2代，以成虫在寄主附近的枯枝落叶下过冬。次年3月上中旬开始活动，4月下旬开始交尾，4月底至5月初开始产卵，直至7月初，6月上旬至7月中旬陆续死亡。卵产于小枝或叶背上，初孵若虫静伏于卵壳旁，不久即在卵壳附近群集取食，一受惊动，便竞相逃散。2龄起分开，与成虫同在嫩梢上吸汁。

危害寄主：桉树，土肉桂等樟科植物。

危害症状：成虫、若虫吸取枝条上的汁液，阻止无机盐和水分对树枝上养料的运输，导致树枝枯死。

防治方法：① **人工防治**：在阴雨天或晴天早晨露水未干前，成、若虫不活泼，多栖息在树冠外围叶片上，可在此时进行捕杀。② **生物防治**：黄猄蚁和平腹小蜂是重要天敌，加强保护和迁入，对防治可起到很大的作用。另外，在5~9月摘除叶片上的卵块时，发现有寄生蜂的卵块应保留。③ **化学防治**：在初龄若虫盛期喷药，使用90%晶体美曲膦酯800~1000倍液，或20%杀灭菊酯乳油2000~3000倍液进行喷雾防治。

黑胫伱缘蝽成虫

茶翅蝽 （中文别名：邻茶翅蝽、褐翅椿象）

Halyomorpha picus (Fabricius)

半翅目
Hemiptera

蝽 科
Pentatomidae

茶翅蝽成虫

成虫：体长 12～16 毫米，宽 6.5～9 毫米。椭圆形略扁平，茶褐、淡褐黄或黄褐色，具黑色刻点；有的个体具有金绿色闪光刻点或紫绿色光泽。触角黄褐色，第 3 节端部、第 4 节中部、第 5 节大部为黑褐色。前胸背板前缘有 4 个黄褐色横列的斑点，小盾片基缘常具 5 个隐约可辨的淡黄色小斑点。翅褐色，基部色较深，端部翅脉的颜色亦较深。侧接缘黄黑相间，腹部腹面淡黄白色。卵：长约 0.9～1 毫米，短圆筒形，灰白色。具假卵盖，中央微隆，假卵盖周缘生有短小刺毛。若虫：一龄若虫体长约 4 毫米。淡黄褐色，头部黑色。触角第 3、4、5 节隐约见白色环斑。二龄若虫体长 5 毫米左右，淡褐色，头部黑褐，胸、腹部背面具黑斑。前胸背板两侧缘生有不等长的刺突 6 对。腹部背面中央具 2 个明显可见的臭腺孔。三龄若虫体长 8 毫米左右，棕褐色，前胸背板两侧具刺突 4 对，腹部各节背板侧缘各具 1 黑斑，腹部背面具臭腺孔 3 对，翅芽出现。四龄若虫长约 11 毫米，茶褐色，翅芽增大，五龄若虫长约 12 毫米，翅芽伸达腹部第 3 节后缘，腹部茶色。

生物学特性：一年发生2代，以成虫越冬。翌年4月下旬至5月上旬，成虫陆续出蛰，开始危害植物，6月上旬产卵。6月中旬产生1代若虫，8月上旬羽化为第1代成虫，第1代成虫可很快产卵，并产生第2代若虫，8月下旬羽化为越冬代成虫。越冬代成虫平均寿命为301天，最长可达349天。10月后成虫陆续潜藏越冬。卵产叶背，块生，每处20粒左右，卵期4～5日，有时可达1周。初孵若虫常伏卵壳上或其附近，1天后始逐渐分散为害。成虫一般在中午气温较高，阳光充足时活动、飞翔或交尾，清晨及夜间多静伏。

危害寄主：桉树、茶花、梧桐、麻栎、石榴、刺槐、榆、桑、茶、油茶、桃、梨、柑橘、油菜、大豆、菜豆、向日葵等植物。

危害症状：害虫危害叶片、花蕾、嫩梢、果实。叶和梢被害后症状不明显，果实被害后被害处木栓化，变硬，发育停止而下陷。果肉变褐成一硬核，受害处果肉微苦，严重时形成疙瘩梨或畸形果，失去经济价值。在我国北方，以梨树受害严重。

防治方法：① **人工防治**：成虫越冬前和出蛰期在墙面上爬行停留时，进行人工捕杀；成虫产卵期查找卵块摘除。② **诱杀**：晚上利用其趋光习性，使用黑光灯或高压汞灯诱杀。③ **化学防治**：使用40%氧化乐果乳油1000～1200倍液喷雾防治。成虫越冬期，将苗圃附近空屋密封，用"741"烟雾剂进行熏杀。

茶翅蝽成虫

麻皮蝽 （中文别名：黄胡麻斑蝽、黄斑椿象）

Erthesina fullo (Thunberg)

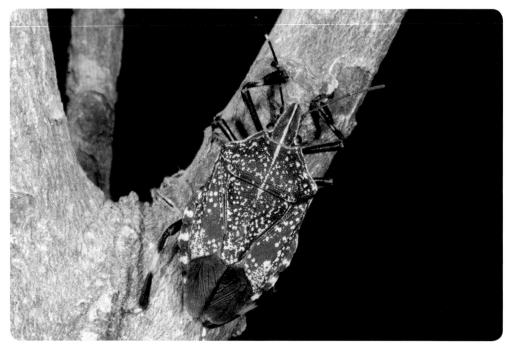

麻皮蝽成虫（背面）

成虫：体长 21 ~ 24.5 毫米，宽 10 ~ 11.3 毫米。体黑色，密布黑色刻点和不规则细碎的黄斑。触角 5 节，黑色，第 5 节基部 1/3 呈淡黄白色或黄色。头端中央至小盾片基部有一黄色细线。胸部腹面黄白色，节间黑色。**卵：**长约 21 毫米，宽 17 毫米。近圆形，淡黄色。卵壳网状。**若虫：**长 16 ~ 18.4 毫米，宽 9.6 ~ 10 毫米。头、胸、翅芽黑色，腹部灰褐，全身披白粉。前端中央至小盾片具一淡黄色中线。足黑褐色

麻皮蝽成虫（侧面）

生物学特性：一年发生 2 代，以成虫越冬。第 1 代若虫于 5 月上旬至 7 月下旬孵出。第 2 代 7 月下旬初至 9 月上旬孵出。全年以 5 ~ 7 月危害最烈。成虫飞翔力强，常栖息于较高的树干枝叶和嫩果上吮吸汁液。弱趋光性，卵多聚产于叶背。

危害寄主：美丽异木棉、樟树、台湾相思、榆树、柿、合欢、刺槐、构树、悬铃木、梨、柑橘、苹果、龙眼、柿、杏、桃、山楂等多种植物。

危害症状：刺吸枝干、茎、叶及果实汁液，枝干出现干枯枝条；茎、叶受害出现黄褐色斑点，严重时叶片提前脱落；果实被害后，出现畸形果或猴头果，被害部位常木栓化。

防治方法：① **人工防治**：a．冬、春结合平田整地，消灭越冬成虫。b．在成、若虫危害期，利用假死性，在早晚进行人工振树捕杀。c．危害严重的果园可采用果实套袋防治法。d．结合管理，摘除卵块和初孵群集的若虫。② **化学防治**：使用 20% 氰戊菊酯乳油 2000 ~ 3000 倍液，或 10% 氯氰菊酯乳油 2000 ~ 3000 倍液，或 40% 氧化乐果乳油 1000 ~ 1500 倍液，或 40.7% 乐斯苯乳油 1000 ~ 1500 倍液进行喷雾防治。

麻皮蝽若虫

荔枝蝽

（中文别名：荔蝽、荔枝蝽象、石背、臭屁虫）

Tessartoma papillosa Drury

半翅目
Hemiptera

蝽 科
Pentatomidae

荔枝蝽若虫

成虫：体长 24～28 毫米，盾形、黄褐色，胸部腹面被白色蜡粉。触角 4 节，黑褐色。臭腺开口于后胸侧板近前方处。腹部背面红色。雌虫腹部第七节腹板中央具纵缝，将腹板分成两片，雄虫则无。卵：近圆球形，长 2.5～2.7 毫米，初产时淡绿色，少数淡黄色，近孵化时紫红色，常 14 粒相聚成块。若虫：生长阶段共分为五龄。体色红至深蓝色，腹部中央及外缘深蓝色，臭腺开口于腹部背面。橙红色；头部、触角及前胸户角、腹部背面外缘为深蓝色；腹部背面有深蓝色纹两条，自末节中央分别向外斜向前方。将羽化时，全体被白色蜡粉。

荔枝蝽成虫

生物学特性：一年发生 1 代，以性未成熟的成虫越冬。越冬期成虫有群集性，多在寄主的避风、向阳和较稠密的树冠叶丛中越冬，也有在果园附近房屋的屋顶瓦片内。翌年 3 月上旬气温达 16% 左右时，越冬成虫开始活动为害，在荔枝、龙眼枝梢或花穗上取食，待性成熟后开始交尾产卵，卵多产于叶背，此外还有少数卵产在枝梢、树干以及树体以外的其他场所。成虫产卵期自 3 月中旬至 10 月上旬，以 4、5 月为产卵盛期。如遇惊扰，常射出臭液自卫，沾及嫩梢、幼果局部会变焦褐色。

危害寄主：龙眼、荔枝等植物，也为害其他无患子科植物。

危害症状：成虫、若虫均刺吸嫩枝、花穗、幼果的汁液，导致落花落果。其分泌的臭液触及花蕊、嫩叶及幼果等可导致接触部位枯死，大发生时严重影响产量，甚至颗粒无收。

防治方法：① **人工防治**：人工捕捉，冬季低温时期（10℃以下），荔枝蝽受冷冻，不易起飞，突然猛力摇树枝，使越冬成虫坠地，集中烧毁。② **生物防治**：平腹小蜂是荔枝蝽卵的寄生蜂，防治荔枝蝽特别有效，自然界平腹小蜂密度低，可人工释放提高防治荔枝蝽的效果。③ **化学防治**：使用 90% 敌百虫晶体 1000～1500 倍液，或 20% 氰戊菊酯乳油 2000～3000 倍液喷雾，消灭越冬成虫。

荔枝蝽的寄主植物

丽盾蝽 （中文别名：苦楝蝽、黄色长盾蝽）
Chrysocoris grandis (Thunberg)

半翅目
Hemiptera

蝽科
Pentatomidae

丽盾蝽成虫

　　成虫：体长 18 ~ 25 毫米，宽 8 ~ 12 毫米。黄、黄褐至红褐色，具光泽。头中叶长于侧叶，基部及中叶基大半、触角及足黑色。前胸背板前半中央有 1 伸达前缘的黑斑（此斑雄虫较大，雌虫较小）。小盾片基缘黑，近中部处有 3 个黑斑（中央、两侧各 1），前翅革质部黑色，前缘基处同体色。腹部腹面基部及其后各节的后半黑色。**卵**：块状产出。卵粒鼓形，直径约 1.5 毫米，高约 1 毫米，上端有一圆圈形成卵盖。受精卵初产时呈浅蓝色，近孵化时变为浅红或深红色。未受精卵不能孵化，始终呈白色状。**若虫**：1 ~ 2 龄时体呈棱形，大红至金绿色，长 3.5 ~ 4.0 毫米，宽 2.0 ~ 2.5 毫米，喙管、足、触角均是体长的 1 ~ 1.5 倍，红色至紫黑色；3 ~ 5 龄若虫体长 12.0 ~ 13.0 毫米，宽 7.5 ~ 12.0 毫米，呈椭圆形、蓝绿色至金黄色，触角、喙管短过腹端 2.0 ~ 5.0 毫米，腹面生有长方斑、臭腺、肛门和生殖器，小盾片在 3 龄期显露，高 1 ~ 3 毫米，伸达腹部第 1 ~ 2 节；翅芽在 4 龄期显露，伸达腹部第 1 ~ 3 节，喙管、触角、足和斑纹均为紫黑色或金黄色。

生物学特性：一年发生 1 代，以成虫越冬。若虫出现在 7 月上旬至 10 月上旬，成虫出现在 10 月中旬至翌年 7 月下旬。雌虫多产卵于叶背，卵粒呈线状排列，也有产在枝条上。每雌产卵 1 ~ 2 块，每块卵平均 85 粒。卵粒呈浅蓝色至深红色。

危害寄主：油桐、油茶、苦楝、椿、茶、八角等植物。

危害症状：以成虫和若虫取食植物嫩梢或花序，致结实率降低、嫩梢枯死。

防治方法：① **人工防治**：a．冬、春结合平田整地，消灭越冬成虫。b．在成、若虫危害期，在早晚进行人工振树捕杀；摘除卵块和初孵群集若虫。② **化学防治**：使用 20% 氰戊菊酯乳油 1500 ~ 2000 倍液，或 10% 氯氰菊酯乳油 2000 ~ 3000 倍液，或 40% 乐果乳油 8000 ~ 1000 倍液，或 40.7% 乐斯苯乳油 1000 ~ 1500 倍液喷雾防治。

丽盾蝽的寄主植物——油茶

桑宽盾蝽 （中文别名：桑龟蝽）

Poecilocoris druraei (Linnaeus)

半翅目
Hemiptera

蝽 科
Pentatomidae

桑宽盾蝽成虫

　　成虫：体长 15 ~ 18 毫米，宽 9.5 ~ 11.5 毫米。黄褐或红褐色。头中叶稍长于侧叶，黑色，触角黑色。前胸背板有 2 个大黑斑，有些个体无；前侧缘微拱，边缘稍翘，侧角圆钝。小盾片有 13 个黑斑，有些个体黑斑互相连结或全无。前翅革质部基部同体色，并具黑刻点，膜片色淡，脉纹淡烟灰色。侧接缘蓝黑，上具黑刻点。足黑色。
　　卵：近圆形，黄至褐色。卵粒紧密排列成块。
　　若虫：体红色。低龄若虫头部和胸部背板紫黑色。腹背有 1 个半月形黑纹。高龄若虫翅芽突出。

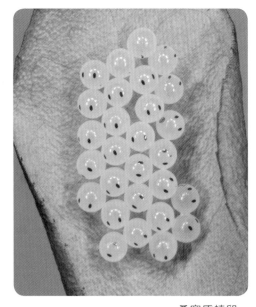

桑宽盾蝽卵

生物学特性：一年发生 1 代，以高龄若虫越冬。越冬若虫在翌年 5 月上旬开始活动。成虫在 6 月下旬开始出现，7 月下旬至 9 月上旬为产卵盛期，末龄若虫在 10 月下旬开始越冬。越冬多在生长浓密的叶背或林下杂草中。成虫不群集，喜于白天单独活动；略有假死性；不善飞翔，不活动时栖息叶背。不固定取食，在一个果实上取食一次后，迁至另一果实上取食。成虫产卵多在树叶的背面，产卵时，成虫在叶背分泌粘液，使卵粒均匀排列成块粘附于叶背。若虫孵出后，成群静伏在卵块旁，不食不动。进入 2 龄后，才成群转移到附近的嫩油茶果上吸食危害。高龄若虫取食多单独活动。以地面杂草多、土沉香枝叶过于浓密、果实数量大、管理不善的土沉香林发生严重。

危害寄主：桑、土沉香、油茶的果实。

危害症状：主要危害土沉香果实，引起落果。成虫、若虫在茶果上吸食汁液，影响果实发育，严重也会引起落果。

防治方法：① **人工防治**：冬季清除种植园内的杂草，消灭越冬幼虫。② **化学防治**：6 至 10 月害虫危害期，使用 80% 敌敌畏乳油、或 50% 杀螟松乳油、或 40% 乐果乳油 1000 倍液、或 20% 杀灭菊酯乳油 5000 倍液进行喷雾防治毒杀若虫。

◀ 桑宽盾蝽的无斑型成虫

▼ 桑宽盾蝽若虫

红脚异丽金龟 （中文别名：大绿丽金龟、红脚绿丽金龟、大青铜金龟）

Anomala cupripes Hope

鞘翅目
Coleoptera

丽金龟科
Rutelidae

红脚异丽金龟成虫（背面）

红脚异丽金龟成虫（侧面）

成虫：体长 23 ~ 30 毫米，宽 13 ~ 17.5 毫米。卵圆形，背部隆起，光滑且光亮；体草绿色，有时带红色光泽。头小，头部两侧和唇基边缘紫红色；复眼黑色，触角棕褐色。小盾片半圆形。鞘翅非常光亮，密布细刻点，翅上具不明显的纵肋，其侧缘边框紫红色，鞘翅侧缘后部边框不平截，缓慢后弯。足紫红色，金属光泽强。**卵**：长约 1.5 毫米，略呈球形，乳白色。**老熟幼虫**：体长 23 ~ 25 毫米。肛门有一字形横裂。**蛹**：长 18 毫米，长椭圆形，淡黄色。

红脚异丽金龟卵

生物学特性：一年发生1代，多以3龄成熟幼虫（老熟幼虫）在土层45～70厘米深处越冬，翌年成虫5～8月出现，盛期6～7月。成、幼虫均为杂食性。成虫白天潜伏土下，黄昏飞出取食，尤其以天气闷热的晚上，活动最盛。成虫取食多种植物的嫩叶，有假死性及趋光性，喜选择腐熟堆肥和腐殖质丰富的土壤中产卵；幼虫生活于土中，在土地深20～30厘米处化蛹。幼虫危害植物地下部分。在我国南方分布较广，为华南地区重要地下害虫之一。

危害寄主：小叶榄仁、美丽异木棉、乌桕、白杨、柳、油桐、柑橘、茶、桑等植物。

危害症状：成虫嚼食叶片成缺刻、孔洞；发生严重时，残留叶柄，将树枝吃成光杆。幼虫为害多种植物根部。

防治方法：① **人工防治**：金龟子都有假死习性，可震落捕杀。② **诱杀**：a．夜出金龟子都有趋光性，可点黑光灯或高压汞灯进行诱杀成虫。b．诱集成虫产卵，多点设置未完全腐熟堆肥，诱集成虫前来产卵，待产卵期结束时，从堆肥上浇灌或喷施40%乐果乳油1000～1500倍液，毒杀肥堆中的虫卵。③ **化学防治**：a．使用50%辛硫磷乳油1000～1500倍液根际浇灌。b．使用50%辛硫乳油250毫升加水10倍稀释，喷洒在25～30千克细土上将其翻入土中，杀死土中蛴螬。

◀ 红脚异丽金龟幼虫

▼ 红脚异丽金龟危害植物叶片

背沟彩丽金龟
Mimela specularis Ohaus

鞘翅目
Coleoptera

丽金龟科
Rutelidae

背沟彩丽金龟成虫

成虫：体长 11.5 ~ 18 毫米。体背浅黄褐色，带强烈绿色金属光泽，前胸背板两侧常具 1 个不明显暗色大斑，臀板和腹面暗褐色，足部浅黄褐。前胸背板刻点疏细；中纵沟深显；侧缘通常缓弯突，后角钝；后缘沟线完整。鞘翅粗刻点明晰，双数行距宽平。臀板刻点颇粗密。**卵：**初产为乳白色，椭圆形，长为 1.49 ~ 2.07 毫米，后渐变为近圆形，表面光滑。**老熟幼虫：**体长 23 ~ 30 毫米。头黄褐色，体淡黄色，3 对足的爪棕黑色。**蛹：**靴状，体长 15.37 ~ 23.15 毫米，黄棕色。

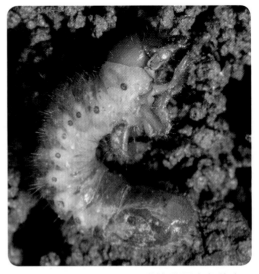

背沟彩丽金龟幼虫

生物学特性：一年发生 1 代，以老龄幼虫在土中越冬，越冬幼虫发育进度不一。翌年 2 月下旬少量成虫出土危害，3 月中下旬大量成虫出现，此时正是板栗生长展叶期。成虫期 35～50 天，到 4 月中旬后逐渐减少。成虫 3 月上旬开始产卵，卵期约 30 天。幼虫期长达 9 个月。蛹期 26～33 天。成虫出土后有较强的飞翔能力，在天气晴朗的上午最为活跃，皆上树危害，取食高峰在中午时分及夜间；成虫具假死性，趋光性较弱。下旬终止，成虫喜栖息疏松、潮湿的土壤里，深度一般为 7 厘米；具有较强烈的趋光性和假死性。该虫最适宜在轻壤中生活，平均虫口数量最高，以杂草丛生的板栗林易发生该虫危害。

危害寄主：板栗、橄榄。

危害症状：成虫常聚集在植物上咀食叶片，致使叶片残缺不全，甚至仅留叶柄，严重影响板栗正常生长。幼虫则多取食寄主植物的根部。

防治方法：① **营林措施**：成虫大量发生时振树捕杀。秋耕和春耕，深耕深耙同时捡拾幼虫。不施用未腐熟的秸秆肥。② **生物防治**：印楝素 100 倍液或鱼藤精 100 倍液，对成虫具有较强的驱避和拒食作用。③ **化学防治**：成虫发生期，使用 10% 吡虫啉可湿性粉剂 3000 倍液，或 25% 虫满晴悬浮剂 1000 倍液防治，效果较好。

◀ 背沟彩丽金龟卵

▼ 板栗叶受害状

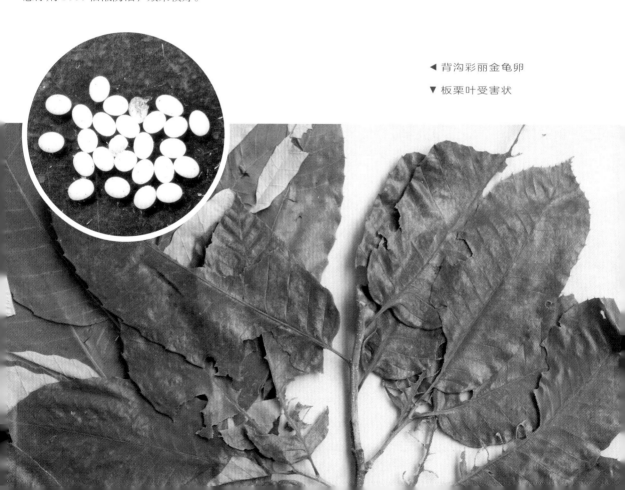

日本吉丁
（中文别名：日本吉丁虫、日本松脊吉丁虫、松吉丁）

Chalcophora japonica Gory

日本吉丁成虫（背面）　　　　　　　　　日本吉丁成虫（侧背）

　　成虫：纺锤形，长 30～40 毫米，全体赤铜色至金铜色，新鲜个体全面覆盖黄灰色粉状物。两复眼侧明显凹陷，中央具深纵沟和不规则的纵皱。触角较短，从第 3 节起为锯齿状，基节铜色，其他各节黑色。前胸背板中央具明显铜黑色纵隆线，两后缘角有凹陷。纵隆线间具粗大刻点。通常缺小盾片。鞘翅上各具 4 条很明显的铜黑色纵隆线，第 2 条有 2 处较细弱，隆线面深铜色，密布粗大刻点。鞘翅外缘后方 1/4 部分呈不规则锯齿状。雌虫腹部末端圆形，雄虫则深凹陷。**幼虫**：老熟时可长达 47 毫米，黄白色。前胸明显宽于第一腹节，前胸背、腹板两面均骨化成盾状，并具暗色粗糙颗粒。前胸背板点状突起区具倒 "Y" 字形纹。气门新月形。

日本吉丁成虫

生物学特性：一年发生1代，以不同龄期的幼虫在木质部虫道中越冬。每年春天气温转暖时，老熟幼虫在虫道中化蛹，成虫在4月中旬即羽化外出，5月是成虫外出活动盛期，7月基本结束。成虫喜在晴天中午强烈阳光下飞翔活动，啃食马尾松嫩枝皮层作为补充营养。交配后，雌虫在伐根和伐倒木上产卵，直接将卵产在木质部上，幼虫孵出后立刻开始钻蛀。倘若它透过树皮伤口直接将卵产在木质部上，也能侵害活立木。幼虫在边材和心材中纵向钻蛀虫道，幼虫期很长。森林火灾和暴风后的倒木，未及时进行清除，易引发虫害。

危害寄主：马尾松、湿地松、火炬松、加勒比松等松属植物，台湾相思等。

危害症状：幼虫蛀害马尾松伐根及伐倒木，啃食其他植物嫩枝皮。发生普遍，但为害不严重。

防治方法：① **人工防治**：早晨人工振落捕杀成虫。② **营林措施**：a.降低伐桩，及时清除火灾木、风灾木。b.伐倒木及时运出林外。③ **化学防治**：成虫羽化活动初期，树冠、树干喷洒50%辛硫磷乳油1000～1500倍液，或90%敌百虫晶体600～800倍液，毒杀成虫并防止产卵。

◀ 日本吉丁虫幼虫

▼ 幼虫危害松树树桩

丽叩甲 （中文别名：松丽叩甲、大绿叩头虫、叩头虫、松丽叩头虫、大青叩头虫）

Campsosternus auratus (Drury)

丽叩甲成虫（背面）　　　　　　　　　　丽叩甲成虫（侧面）

成虫：体长 37.5 ~ 43 毫米，宽 12 ~ 14 毫米。长椭圆形，极其光亮，艳丽。大多蓝绿色，前胸背板和鞘翅周缘具有金色和紫铜色闪光，触角和跗节黑色，爪暗栗色。头宽，额前端呈三角形凹陷，两侧高凸，凹陷内刻点粗密，后端渐疏。触角短而扁平，向后可伸达前胸背板基部，不超过后角；第 1 节向外端变粗，略弯曲，第 2 节极短，第 3 节约为第 2 节的 3 倍，第 4 ~ 10 节锯齿状，末节狭长形，端部有假节。前胸长和基宽相等，基部最宽，背面不太凸，盘区刻点细、稀，刻点间光滑，刻点向前变粗，向两侧加密，刻点间为细皱状。前胸背板侧缘明显凸边，两侧从基部向端部逐渐变狭，前端明显后凹呈弧形，后缘略内凹。小盾片宽大于长，略呈五边形，中间低凹，很少平坦，大多近端部有 2 个较明显的针孔。鞘翅基部与前胸略等宽，自中部向后变狭，顶端相当突出，肩胛内侧明显低凹；鞘翅表面被有刻点，中央较稀，两侧明显密集，点间皱纹状或龟纹状。足粗壮，跗节 1 ~ 4 节腹面具有垫状绒毛，爪简单。

生物学特性：大型昼行性叩头虫中最常见的种类。成虫出现于 4～10 月，生活在低海拔地区，喜欢吸食树汁。幼虫蛀食边材。

危害寄主：马尾松、湿地松、火炬松、加勒比松、桉、杉、台湾相思等植物。

危害症状：成虫喜欢吸食树汁。幼虫蛀食边材。

防治方法：① **人工防治**：早晨人工振落捕杀成虫。② **营林措施**：a．降低伐桩，及时清除火灾木、风灾木。b．伐倒木及时运出林外。③ **化学防治**：成虫羽化活动初期，树冠、树干喷洒 50% 辛硫磷乳油 1000～1500 倍液，或 90% 敌百虫晶体 600～800 倍液，毒杀成虫并防止产卵。

丽叩甲寄主植物——松树

松墨天牛 （中文别名：松褐天牛，松天牛，松斑天牛）
Monochamus alternatus Hope

松墨天牛雌成虫（背面）

成虫：体长 13 ～ 28 毫米，宽 4.5 ～ 9.5
毫米，橙黄到赤褐。触角栗色；雄虫触角 1、
2 节全部和第 3 节基部具稀疏灰绒毛，长为体
长 2 ～ 2.5 倍，雌虫触角为体长的 1.4 ～ 1.6 倍。
前胸宽大于长，多皱纹，侧刺突较大。前胸背
板有两条相当宽的橙黄色纵纹，与 3 条黑色绒
纹相间。小盾片密被橙黄色绒毛。每一鞘翅具
5 条纵纹，由方形或长方形黑色及灰白色绒毛
斑点间组成。腹面及足杂有灰白色绒毛。卵：
长约 4 毫米，乳白色，略呈镰刀形。幼虫：乳
白色，扁圆筒形。老熟时体长达 38 ～ 43 毫米。
头部黑褐色，前胸背板褐色，中央有波状纵纹。
蛹：乳白色，圆筒形。体长 20 ～ 26 毫米。

松墨天牛雌成虫（侧面）

松墨天牛卵   松墨天牛幼虫

生物学特性：华南地区一年发生 2 ～ 3 代。以幼虫越冬，翌年当温度约升到 16℃时，便开始蛀食，3 月中旬左右在虫道末端筑蛹室化蛹。一年发生 2 代的地区越冬代成虫羽化出木期为 3 ～ 4 月，第 1 代羽化出木期为 7 ～ 8 月。越冬代卵期 4 ～ 7 天，幼虫期 216 ～ 226 天，蛹期 10 ～ 15 天，成虫寿命 33 ～ 107 天；第 1 代卵期 5 ～ 7 天，幼虫期 47 ～ 67 天，蛹期 7 ～ 11 天，成虫寿命 34 ～ 117 天。刚羽化出木的天牛有向上爬行或短暂飞翔及假死的习性，性未成熟的天牛喜食当年生松枝皮，性成熟者喜食 1 ～ 2 年生的松枝皮补充营养。多数需补充营养后才交尾，雌虫交尾后 5 ～ 6 天开始产卵，一般 1 个刻槽内产卵 1 粒。适生环境为松树衰弱木、濒死木、松材线虫病危害木。

危害寄主：马尾松、湿地松等松属植物。松材线虫病传播主要昆虫媒介。

危害症状：成虫取食松树枝梢嫩皮、补充营养，传播松材线虫病；1 ～ 4 龄幼虫在皮层和边材之间蛀食，向上或向下蛀纵坑道。致松树枯死。更为严重的是该天牛是传播松树毁灭性病害——松材线虫病的媒介昆虫，被列为国际国内检疫性害虫。

防治方法：① **加强检疫：**松墨天牛是传播松树毁灭性病害——松材线虫病的媒介昆虫，被列为国际国内检疫性害虫，按检疫法处理。② **人工防治：**及时处理林地死亡和砍下的疫木。③ **诱杀：**a . 以无价值松树为诱饵引成虫产卵后处理。b . 成虫活动期用诱捕器捕杀成虫。④ **化学防治：**羽化开始时，每公顷喷雾 25% 杀螟松乳油 3.0 ～ 3.6 千克，可持效 2.5 ～ 3 个月；6 月和 8 月林间各喷雾一次 3% 噻虫啉微囊悬浮剂 500 倍液，防治羽化成虫。

赤梗天牛
Arhopalus unicolor (Gahan)

鞘翅目
Coleoptera

天牛科
Cerambycidae

赤梗天牛雄成虫（背面）

　　成虫：体长 13 ~ 22 毫米，体宽 3 ~
6 毫米。体较狭窄，赤褐，触角及足色泽较
暗，栗褐色；体被灰黄色短绒毛。额区有 1
个 "V" 字形浅沟，以复眼间纵沟较深，密
布粗刻点。雄虫触角略超过体长，柄节较长，
伸至复眼后缘；雌虫则伸至鞘翅中部之后，
柄节稍短，不达复眼后缘。触角基部 5 节
较粗，以下各节较细，下面密生缨毛。

赤梗天牛雄成虫（侧面）

生物学特性：年发生代数不详，以幼虫越冬，翌年 4 月中旬越冬代成虫羽化出木，每年 4 月至 10 月为成虫活动期。成虫活跃，有向上爬行或短暂飞翔的习性。适生环境为寄主衰弱木、濒死木。

危害寄主：岛松。

危害症状：成虫取食枝梢嫩皮进行补充营养，幼虫蛀食枝条，向上或向下蛀纵坑道。

防治方法：① **人工防治**：及时处理林地衰弱木、濒死木。② **诱杀**：成虫活动期用诱捕器捕杀成虫。③ **化学防治**：羽化开始时，每公顷喷雾 25% 杀螟松乳剂 3.0 ~ 3.6 千克，可持效 2.5 ~ 3 个月。6 月和 8 月林间各喷雾一次 3% 噻虫啉微囊悬浮剂 500 倍液，防治羽化成虫。

▶▲ 赤梗天牛雌成虫

星天牛

（中文别名：桔星天牛、白星天牛、铁炮虫、倒根虫、盘根虫、花牯牛）

Anoplophora chinensis (Forster)

鞘翅目
Coleoptera

天牛科
Cerambycidae

星天牛雌成虫

成虫：体长 16 ~ 60 毫米，宽 6 ~ 13.5 毫米；黑色，略带金属光泽。头部和体腹面被银灰色和部分蓝灰色细毛，但不形成斑纹。触角柄节端疤关闭式，第 1 ~ 2 节黑色，其他各节基部有淡蓝色毛环，一般占节长的 1/3，其余部分黑色。前胸背板无明显毛斑，中瘤明显，两侧具尖锐粗大的侧刺突，小盾片一般具不明显的灰色毛，有时较白，或杂有蓝色。鞘翅基部有黑色小颗粒，每翅具大小白斑约 20 个，排成 5 行。雌虫体较雄虫宽。前者触角长超出身体末端 1 ~ 2 节，后者超出 4 ~ 5 节。**卵：**椭圆形，长约 5 毫米，白色。**幼虫：**体长 25 ~ 60 毫米，乳白色，头部褐色，臀部淡黄色。前胸背板"凸"字形纹上方有两个飞鸟形纹。气门 9 个，深褐色。**蛹：**长 30 ~ 38 毫米。淡黄色，老熟时黄褐色，纺锤形。

生物学特性：一年发生1代，以幼虫在树干虫道内越冬；翌年3月下旬成虫开始羽化，5月中旬达羽化高峰。6月中上旬为幼虫孵化高峰期。幼虫孵化后钻入树皮蛀道取食，20～60天后钻入木质部，多数向上危害，幼虫期达10个月。成虫羽化后在树梢啃食嫩干嫩枝补充营养。未经修枝、杂草丛生、被压木多、林相不整齐的树林受害严重。

危害寄主：木麻黄、乌桕、苦楝、柑橘、无瓣海桑等多种植物。

危害症状：幼虫排出树干的粪便似木屑，粪便的颜色随其取食的寄主及部位不同而变化，老熟幼虫羽化前所排粪中有木质纤维，蛀道内为虫粪所堆积堵塞。严重危害时可导致整株死亡。

防治方法：① **营林措施**：a．加强林木管理，合理疏枝修剪，使树体通风透光，降低星天牛产卵量。对天牛历年危害的老树、树枝尚残留很多幼虫的，应及早伐除烧毁。b．树干涂白（按生石灰1份、硫黄粉1份、水40份的比例制成），防止成虫产卵。② **化学防治**：配制80%敌敌畏乳油40～50倍液，或40.7%毒死蜱乳油100～200倍液，使用棉签蘸药液塞进虫孔或用注射器将药液注入虫孔，然后用黏泥巴封口。

星天牛羽化孔

星天牛幼虫蛀道

榕八星天牛 （中文别名：黄八星白条天牛，榕八星白条天牛、无花果天牛）

Batocera rubus (Linnaeus)

榕八星天牛雄成虫（背面）

成虫：体长 30 ~ 46 毫米，体宽 10 ~ 16 毫米。体红褐色，头、前胸及前腿较深，有时接近黑色。体背被细疏灰色或棕灰色绒毛；腹面两侧各有 1 条相当宽的白色纵纹。前胸背板有 1 对橘红色弯曲纵纹；每鞘翅各具 4 个白色斑纹，第 4 个最小，第 2 个最大，其外上方常有 1 ~ 2 个小圆斑，有时和大斑连接或合并。雄虫触角超出体长 1/3 ~ 1/2。雌虫触角约与体长相等。**卵：**乳白色，长椭圆形，略扁平，长 6 ~ 8 毫米，宽 2 ~ 3 毫米。**幼虫：**体圆筒形，黄白色，老熟幼虫体长约 80 毫米。头部棕黑色。前胸背板横宽棕色。**蛹：**长约 40 毫米，初为黄白色，后期黑褐色，密生绒毛。腹末尖锐。

榕八星天牛雄成虫（侧面）

生物学特性：一年发生 1 代，以幼虫越冬。成虫期为 4 月下旬至 10 月上旬，5 月上旬开始产卵，卵期 5 ~ 8 天；幼虫 12 月上中旬停止蛀食进入越冬状态，翌年 3 月化蛹，蛹期 30 天。据在广州的观察，成虫于 4 月下旬开始出现，5 月为成虫羽化高峰期，10 月上旬仍有少量成虫活动，寿命 4 ~ 5 个月。成虫具趋光性，多在晚间活动求偶，咬食嫩叶或绿枝，白天除产卵外常静伏于树干上。雌虫在距离地面数米高的树干上产卵，其选好部位后，咬一扁圆形的刻槽，有时深达木质部，然后将产卵管插入，1 刻槽内常产 1 粒卵，并分泌一些胶状物覆盖，有时也将卵产在大的分枝上，同一株树上可产卵几至十几粒。初孵幼虫先在树皮下蛀食，随后即可钻蛀树干。

危害寄主：细叶榕、榕树、木棉、重阳木、刺桐等植物。

危害症状：初孵幼虫先在树皮下蛀食，随后钻蛀树干，形成枯枝或断枝，严重时整株树木枯死。

防治方法：① **人工防治**：在成虫产卵期间寻找枝、树干部有新鲜排泄物的孔洞，此时大多数为 1 ~ 2 龄初孵幼虫在皮层活动阶段，用嫁接刀刺破刻槽内的虫卵或杀死刚孵化的幼虫；或用铁丝刺杀虫道内幼虫和蛹。② **营林措施**：加强抚育管理，适当密植，使幼林提早郁闭，可减轻危害。③ **诱杀**：成虫盛发期，设置黑光灯或高压汞灯，晚上进行灯光诱杀。④ **化学防治**：用棉签蘸 80% 敌敌畏乳油 40 ~ 50 倍液，或 40.7% 毒死蜱乳油 100 ~ 200 倍液后，塞进虫孔或用注射器将药液注入虫孔，然后用黏泥巴封口，将虫杀死在虫道内。

榕八星天牛的寄主植物

眉斑并脊天牛

（中文别名：眉斑楔天牛，爪哇木棉棺天牛）

Glenea cantor (Fabricius)

眉斑并脊天牛雌成虫（背面）

成虫：雄虫体形较瘦小，体长 12.7 毫米；雌虫体形较粗壮，体长 15.5 毫米，其腹部末节的腹面中央有一细纵凹沟。成虫鞘翅淡黄褐色，肩角黑色，小盾片黑色，后缘灰白，每个鞘翅端部有 2 个黑斑，被灰白色绒毛隔开。鞘翅肩部最宽，肩以下收窄，略似楔形，鞘翅外端角刺状，翅面刻点较细致。头、胸被覆浓密乳白色至乳黄色绒毛，头顶有 3 条黑色纵斑，中央 1 条较细长，额区有 2 个较大黑斑。前胸背板共有 12 个黑斑，前 6 个后 6 个呈横排列，中、后胸侧面也具有黑斑。前、中足棕红色，后足黑色。体腹面被灰白色或灰黄色绒毛。腹部每节两侧也各有 1 个黑斑。触角柄节外侧有显著的纵脊。

眉斑并脊天牛雌成虫（侧面）

生物学特性： 一年发生 1 代，以幼虫越冬。在广州和深圳 4 ~ 7 月可见成虫出现，成虫在此期间仍能啃嫩叶柄以作补充营养。低龄幼虫在韧皮部、3 龄以上幼虫蛀入木质部取食为害，造成植株衰弱甚至死亡。4 月中旬出现成虫，啃食嫩叶、叶柄以补充营养。10 月末 11 月初出现初孵幼虫。

危害寄主： 欧洲火焰木、木棉等。成虫喜食木棉和美丽吉贝（爪哇木棉），其次是蚬木、苦楝和桂花树，油桐、野牡丹、泡桐等植物也取食。

危害症状： 幼虫蛀害木棉树枝干，成虫也会啃食木棉树叶柄和嫩梢，造成植株衰弱甚至死亡。

防治方法： ① **人工防治：** a．眉斑楔天牛成虫羽化后有补充营养习性，吃低矮木棉树皮时，可人工捕捉。b．用铁丝刺杀初孵的幼虫。② **营林措施：** 在冬春季节，结合园林整修，锯去被害枝条，对树势衰弱为害严重的树木宜清除处理。捕杀老熟幼虫，减少越冬虫口。③ **化学防治：** 用棉签蘸 80% 敌敌畏乳油 40 ~ 50 倍液，或 40.7% 毒死蜱乳油 100 ~ 200 倍液后，塞进虫孔或用注射器将药液注入虫孔，然后用黏泥巴封口，将虫杀死在虫道内。

眉斑并脊天牛的寄主植物

合欢双条天牛 （中文别名：青条天牛）
Xystrocera globosa (Oliver)

鞘翅目
Coleoptera

天牛科
Cerambycidae

合欢双条天牛雄成虫（背面）▲

合欢双条天牛雄成虫（侧面）▶

成虫：体长 11 ~ 33 毫米，宽 3 ~ 8 毫米，体红棕色至黄棕色。头密布颗粒状刻点，中央具纵沟。前胸背板长宽约相等，周围和中央以及鞘翅中央和外缘具有金属蓝或绿色条纹。雄虫前胸宽大，且前胸背板条纹后斜伸至后缘中央，触角粗长，前胸腹板以及前胸两侧下部具有极密颗粒。雌虫前胸较小，背板的条纹直伸后方，触角细短，前胸两侧无颗粒，前胸腹板的颗粒也较稀少。各足腿节棒形。**卵**：淡黄色，椭圆形。**幼虫**：体长 52 毫米，乳白色带灰黄；前胸背板前缘有 6 个灰栗褐色斑点，横行排列成一带状；体呈圆筒形，前 7 个腹节背方及侧方各具有成对疣突。

合欢双条天牛的寄主植物

生物学特性：二年发生一代。翌春越冬幼虫在树皮下大量为害，幼虫发育成成虫后，树皮脱落，露出木质部和幼虫蛀入时的长圆形孔。成虫6至8月出现，有趋光性。每雌可产卵100多粒。卵产于寄主主干、侧枝树皮缝隙内，以树木主干产卵为主，每处可产卵数粒至18粒，形成卵块。卵期约1周。幼虫孵化后先在韧皮部皮层下蛀食，形成弯曲虫道，粪屑堆于皮层内。

危害寄主：合欢、木棉、桑、桃、槐、梨、油菜等植物或作物。

危害症状：老熟幼虫于中心隧部虫道末端作蛹室化蛹。树木受害后表现为生长势衰弱，严重时整株枯死。

防治方法：① **人工防治**：a．合欢双条天牛成虫羽化后有补充营养性，吃低矮合欢树皮时，可人工捕捉。b．用铁丝刺杀初孵的幼虫。② **诱杀**：在成虫盛发期，设置黑光灯或高压汞灯晚上诱杀。③ **营林措施**：在冬春季节，结合林木整修，锯去被害枝条，对树势衰弱危害严重的树木宜清除处理。捕杀老熟幼虫，减少越冬虫口。④ **化学防治**：用棉签蘸80%敌敌畏乳油40～50倍液，或40.7%毒死蜱乳油100～200倍液后，塞进虫孔或用注射器将药液注入虫孔，然后用黏泥巴封口，将虫杀死在虫道内。

金绒锦天牛 （中文别名：锦缎天牛）
Acalolepta permutans (Pascoe)

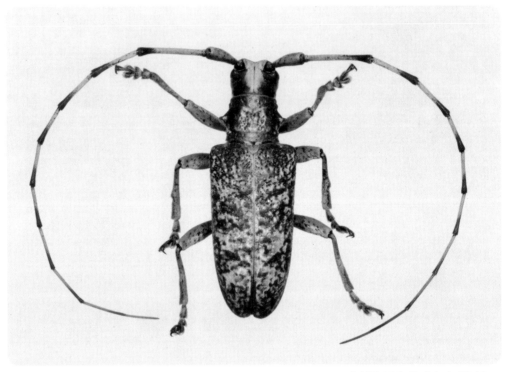

金绒锦天牛雄成虫（背面）

成虫：体长 15.5 ~ 29 毫米；体宽 5 ~ 9 毫米。全体被黄铜带绿色光亮绒毛，鞘翅绒毛呈指纹状或螺旋状着生，十分美丽，似锦缎。触角深棕色，各节基半部有淡灰色或淡黄色细毛。雄虫毛较稀，雌虫毛较密。鞘翅基部较宽，尾部收狭。小盾片较大，密被黄铜色绒毛。**幼虫**：老熟幼虫长 40 ~ 50 毫米，淡黄色。**卵**：椭圆形，乳白色，长 4 ~ 5 毫米。**蛹**：长 20 毫米，乳白色，触角细长卷曲呈钟条状，体形与成虫相似。

生物学特性：华南地区一年发生1代，以幼虫在蛀道内越冬，次年4月化蛹，5～6月羽化产卵。成虫羽化后开始取食寄主嫩叶补充营养。第二天交配、产卵。卵多产于嫩梢处。

危害寄主：刺树、台湾海桐、八角金盘等植物。

危害症状：危害严重时可使植株韧皮部损坏，造成整株枯死。

防治方法：① **人工防治**：a．捕捉成虫。成虫羽化后有补充营养习性，如在低矮树为害，可人工捕捉。b．在成虫产卵期间寻找枝、干部有新鲜排泄物的孔洞，此时大多数为1～2龄初孵幼虫在皮层活动阶段，用嫁接刀刺破刻槽内的虫卵或杀死刚孵化的幼虫。② **营林措施**：在冬、春季节，结合林木整修，锯去被害枝条，对树势衰弱危害严重的树木宜清除处理。③ **化学防治**：发现新鲜蛀孔，先用嫁接刀将虫粪、木屑清除，再用棉签蘸80%敌敌畏乳油40～50倍液，或40.7%毒死蜱乳油100～200倍液后，塞进虫孔或用注射器将药液注入虫孔，然后用黏泥巴封口，将虫杀死在虫道内。

金绒锦天牛雄成虫（侧面）

线纹粗点天牛
Mycerinopsis lineata (Gahan)

鞘翅目
Coleoptera

天牛科
Cerambycidae

线纹粗点天牛雌成虫

成虫：体长 10.5 ~ 14.5 毫米，体宽 2.5 ~ 3.8，体红棕色至黑褐色，密被灰白至灰黄色绒毛。触角柄节暗棕色，其余红棕色，薄被灰白色绒毛，头、胸被灰黄色毛，前胸背板中央及两侧各具 1 灰白色毛纵纹。小盾片被灰白色毛。鞘翅被灰黄色毛，每翅具 4 条灰白毛纵纹，内侧 2 条及外侧 2 条分别在翅端部彼此相连后，最后在翅端汇合。腹面及足密被灰黄绒毛。触角长度超过体长，基瘤突起，柄节粗短。

线纹粗点天牛雌成虫

捕捉到线纹粗点天牛的场所

生物学特性： 成虫出现于夏季，生活在低海拔山区。

危害寄主： 重阳木。

危害症状： 成虫取食枝梢嫩皮进行补充营养，幼虫蛀食枝条，向上或向下蛀纵坑道。

防治方法： ① **人工防治：** a．天牛成虫羽化后有补充营养习性，吃低矮林木树皮时，可人工捕捉。b．用铁丝刺杀初孵的幼虫。② **诱杀：** 在成虫盛发期，设置黑光灯或高压汞灯晚上诱杀。③ **营林措施：** 在冬春季节，结合林木整修，锯去被害枝条，对树势衰弱、濒死木宜作清除处理。④ **化学防治：** 用棉签蘸80%敌敌畏乳油40～50倍液，或40.7%毒死蜱乳油100～200倍液后，塞进虫孔或用注射器将药液注入虫孔，然后用黏泥巴封口，将虫杀死在虫道内。

毛角天牛 （中文别名：毛角薄翅天牛）

Aegolipton marginalis (Fabricius)

毛角天牛雄成虫（背面）

毛角天牛雄成虫（侧面）

成虫体长 9 ~ 14 毫米，体宽 5.5 ~ 12 毫米。体细长，全身棕红，有时鞘翅色泽淡。前胸背板前缘、后缘、小盾片端部及鞘翅周缘黑色。雄虫触角超过体长，雌虫触角与体等长，自第 3 节起各节下缘着生黄色缨毛，柄节粗大，第 3 节最长，为柄节的三倍，同第 4、5 节之和等长，基部 5 节刻点粗糙，下沿着生齿状小突。前胸背板前端狭窄，基部宽，中部与基部近于等宽，略似半球形。小盾片密布细刻点及着生淡色毛，仅中央空出一条无毛细纵线。鞘翅显著宽于前胸，后端较狭窄；翅面刻点细密，肩部有颗粒刻点分布，鞘翅淡黄色短的细毛较前胸浓密，每翅微显三条纵脊线。

生物学特性：成虫出现于夏季，生活在低海拔山区。

危害寄主：鲫萌。

危害症状：成虫取食枝梢嫩皮进行补充营养，幼虫蛀食枝条，向上或向下蛀纵坑道。

防治方法：① **诱杀**：在成虫盛发期，设置黑光灯或高压汞灯晚上诱杀。② **营林措施**：对树势衰弱、濒死木宜作清除处理。③ **化学防治**：用棉签蘸80%敌敌畏乳油40～50倍液，或40.7%毒死蜱乳油100～200倍液后，塞进虫孔或用注射器将药液注入虫孔，然后用黏泥巴封口，将虫杀死在虫道内。

捕捉到毛角天牛的场所，寄主植物为鲫萌树

樟密缨天牛
Mimothestus annulicornis Pic

鞘翅目
Coleoptera

天牛科
Cerambycidae

▲ 樟密缨天牛雌成虫（背面）
◀ 樟密缨天牛雌成虫（侧面）

成虫：体长 33 ~ 39 毫米，体宽 11 ~ 17 毫米。黑色，全身被覆锈红或土红色绒毛，鞘翅不规则的散生小黑斑点。触角自第四节起的一下各节基部被灰黄色绒毛，各节端部黑色；头顶中央有一条凹沟，头密布极细刻点；复眼下叶长于宽，十分长于颊；雄虫触角长于身体的三分之一，第三节长于第四节，基部 5 节下沿缨毛浓密而长。前胸背板宽显著大于长，侧刺突细长，顶端尖锐，中区密布细刻点。小盾片表面微凹。鞘翅很长，约为前胸节的六倍，显著宽于前胸节，端缘圆形，基部有细密颗粒刻点及中等粗刻点。足较短，前足胫节端部稍弯曲

生物学特性：成虫出现于夏季，生活在低海拔山区。

危害寄主：樟树。

危害症状：成虫取食枝梢嫩皮进行补充营养，幼虫蛀食枝条，向上或向下蛀纵坑道。

防治方法：① **诱杀**：在成虫盛发期，设置黑光灯或高压汞灯晚上诱杀。② **营林措施**：对树势衰弱、濒死木宜作清除处理。③ **化学防治**：用棉签蘸 80% 敌敌畏乳油 40 ~ 50 倍液，或 40.7% 毒死蜱乳油 100 ~ 200 倍液后，塞进虫孔或用注射器将药液注入虫孔，然后用黏泥巴封口，将虫杀死在虫道内。

樟密缨天牛的羽化孔

樟密缨天牛产卵刻槽

樟密缨天牛的生境及其寄主植物——樟树

中华象天牛 <small>（中文别名：灰带象天牛）</small>

Mesosa sinica (Gressitt)

鞘翅目
Coleoptera

天牛科
Cerambycidae

中华象天牛雌成虫

成虫：体长 13.5 毫米，体宽 5.5 毫米。体近长方形，较宽扁，棕黑色，密被棕黄色及灰白色绒毛。触角第三节及以后各节淡栗红色，基半部具白毛，下侧面具白色及棕灰色缨毛。头部、触角柄节及前胸密被棕黄色及灰白色毛。小盾片两侧具黑色毛，沿中线具棕黄色毛。腹面密被棕黄色及灰白色毛。足棕黑色，腿节及胫节密被棕黄色、黑色及白色相混杂的毛斑，第一、二、五跗节具白毛。复眼较小，下叶长仅及颊长之半。触角细长，约超过体长之四分之一。足粗短，后足腿节伸达第五腹节中央。

中华象天牛雌成虫

中华象天牛的寄主植物——湿地松

生物学特性：成虫出现于夏季，生活在低海拔山区。

危害寄主：湿地松、栎、杨、榆、臭椿等植物。

危害症状：成虫取食枝梢嫩皮进行补充营养，幼虫蛀食枝条，向上或向下蛀纵坑道。

防治方法：① **营林措施**：及时处理林地衰弱木、濒死木。② **诱杀**：成虫活动期，使用黑光灯或高压汞灯诱杀成虫。③ **化学防治**：成虫羽化开始时每公顷林地喷洒 25% 杀螟松乳油 3.0～3.6 千克，叮持效 2.5～3 个月；6 和 8 月林间各喷一次 3% 噻虫啉微囊悬浮剂 500 倍液，防治羽化成虫。

绿虎天牛 （中文别名：竹绿虎天牛）
Chlorophorus annularis (Fdirmaire)

成虫：体长 9.5 ~ 17 毫米，宽 2
~ 4.5 毫米。棕色至棕黑色，头部及
背面被硫黄色绒毛，腹面被白色绒毛。
触角较短，约为体长的 1/3，可伸达鞘
翅中部，柄节与第三节等长，第 3 ~
6 节为淡褐色，其余为深色。前胸背板
呈近球形，中央具有 1 分叉的黑色纵
纹，左右各有两个圆形黑斑，黑斑部
分粗糙。鞘翅基部有 1 卵圆形黑色环
纹，中部 1 黑横带外端也向前延伸与
环纹后端相连接，端部有 1 黑色圆斑。
足淡褐色，仅后足腿节为深色。

绿虎天牛雌成虫

绿虎天牛的寄主植物

生物学特性：一年发生 1 代。以幼虫在竹干中越冬。幼虫次年春季化蛹。南方地区 4 月即有成虫出现，一般七、八月出现数量最多。卵产于竹干粗糙的截面或裂缝处。

危害寄主：竹竿、竹材和竹制品。

危害症状：危害竹竿及充分干燥的竹材、竹制品，形成蛀道和孔洞，造成严重损失。

防治方法：① **物理防治**：应用真空蒸热处理设施以及真空和常压蒸热处理技术，两种蒸热处理可以杀死竹制品中竹绿虎天牛幼虫，其中真空蒸热处理参数为压力 500 百帕（hpa），温度 48℃，持续 15 分钟；常压蒸热处理参数为压力 1000 百帕（hpa），温度 52℃，持续 15 分。② **化学防治**：溴甲烷对竹制品熏蒸 24 小时。

椰心叶甲 （中文别名：红胸叶甲、椰长叶甲、椰棕扁叶甲）

Brontispa longissima (Gestro)

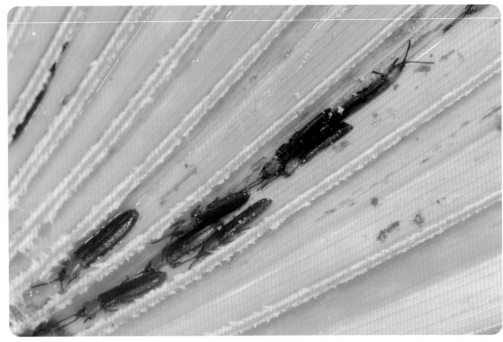

椰心叶甲成虫

成虫：体扁平狭长，雄虫比雌虫略小。体长 8 ~ 10 毫米，宽约 2 毫米。头部红黑色，前胸背板黄褐色，略呈方形，两侧缘中部略内凹，后侧角具一小齿。中央有一大的黑斑。鞘翅两侧基部平行，后渐宽，末端稍平截。**卵：**椭圆形，褐色。**幼虫：**老龄幼虫体淡黄色，扁长。长约 8 毫米。**蛹：**体浅黄至深黄色，长约 10 毫米，宽 2.5 毫米，与幼虫相似，腹末具 1 对钳状尾突。

椰心叶甲成虫

椰心叶甲危害状

生物学特性：一年发生 3 ～ 5 代，生长适温区为 20 ～ 28℃。每个世代需 55 ～ 110 天。成虫惧光，有一定的飞翔力和假死性，喜在未展中心叶活动，交配产卵期大量取食心叶。产卵期长，卵产于未展开的心叶上、卵上覆盖排泄物和碎叶片。为害 4 年生以上植物，沿箭叶叶轴群集纵向取食，留下狭长褐色纵条。

危害寄主：椰子、山葵（皇后葵）、散尾葵、大王椰子（雪棕、王棕）、老人葵、海枣等多种棕榈植物。其中椰子为最主要的寄主。

危害症状：主要危害未展开的幼嫩心叶，成虫和幼虫在折叠叶内沿叶脉平行取食表皮薄壁组织，在叶上留下与叶脉平行、褐色至灰褐色的狭长条纹，严重时条纹连接成褐色坏死条斑，叶尖枯萎下垂，整叶坏死，甚至顶枯，造成树势减弱后植株死亡。

防治方法：① **生物防治**：释放椰扁甲啮小蜂和椰甲截脉姬小蜂。放养时，每隔 30 ～ 50 米悬空放置一个放养器。一个放养器中放 50 头即将出蜂的被寄生的椰心叶甲。一个月加一次。2. **化学防治**：a．喷雾法：选用虫无踪等农药喷雾。b．挂包法：将叶甲清粉剂药包固定在植株心叶上，让药剂随雨水或人工淋水自然流到害虫危害部位，从而杀死害虫。

三带隐头叶甲 （中文别名：三带筒金花虫）

Cryptocephalus trifasciatus Fabricius

鞘翅目
Coleoptera

肖叶甲科
Eumolpidae

三带隐头叶甲成虫

　　成虫：体长 4.5 ～ 7.2 毫米，宽 2.7 ～ 4.0
毫米。体背棕红色并具黑斑；体腹面、臀板和
足几乎完全黑色，或上述部分完全红色，仅后
胸腹面两侧黑色。体背光亮无毛；体腹面密被
细小刻点和灰色短毛。前胸背板沿前缘和侧缘
都镶有窄的黑边，后缘有 1 条相当宽的黑横纹，
盘区具一横列 4 个黑斑。小盾片黑色、光亮、
舌形。鞘翅基缘、中缝和端缘均为黑色，距翅
基约 1/4 处有 2 个黑横斑，有时这 2 个斑汇合
成一条横纹，在中部之后有 1 条呈波曲形的宽
黑横纹，在翅端有 1 个大黑斑。

三带隐头叶甲成虫

生物学特性：成虫出现于春、夏二季，生活在低、中海拔的山区。该虫的资料比较稀缺，更多生活史和习性不详。

危害寄主：小叶榄仁、毛叶桉、木荷、算盘子属、紫薇、檵木等植物。

危害症状：成虫啃吃多种植物的叶片和花，造成叶片缺失，严重时影响植物正常生长。

防治方法：① **人工防治**：在成虫出土高峰期振动树木，下面用塑料膜承接落下的成虫后集中烧毁。② **林业措施**：科学的肥水管理，增强树势，注意清除周围杂草，进行中耕可杀死部分幼虫和蛹③ **化学防治**：加强预测预报，及时喷洒 90% 巴丹可湿性粉剂 800 ~ 1000 倍液，或 50% 辛硫磷乳油 800 ~ 1000 倍液。

被三带隐头叶甲危害的植物叶片

黄色凹缘跳甲
（中文别名：黄色漆树跳甲、漆树叶甲、大黄金花虫）

Podontia lutea (Olivier)

鞘翅目
Coleoptera

叶甲科
Chrysomelidae

黄色凹缘跳甲成虫

成虫：体长 13 ~ 15.5 毫米，体宽 7.5 ~ 9 毫米。硕大，近长方形。背腹面黄色至棕黄，触角（基部 2 ~ 4 节棕黄）、足胫节、足跗节黑色。眼小，眼间距宽阔。头顶不明显隆起，头部刻点稀少，仅在额唇基两侧及额瘤与眼间有少量刻点。触角较短，不及体长的一半，第 1 节最长，端部膨大且弯，第 2 节最短，第 3 节以后近等长，第 5 节以后各节毛被较密。前胸背板宽不及长的两倍，前角突出，后角近直角。小盾片舌形，长略过宽。鞘翅基部 1/5 以后隆起，后端缘处两翅合成圆形；表面刻点细，排列规则。足跗节第 3 节侧叶近圆形，后腿节端有齿。**老熟幼虫：**体长 15 毫米，黄色，背面隆起。头、前胸背板及足均为黑色。体节两侧各有 3 个黑点。尾部末部下面有 1 个肉质吸盘，肛门向上开口，故粪便堆满体背，外形似黑形鸟粪。

生物学特性：一年发生1代，以成虫在土内、落叶下、石缝间等处越冬。翌年4月中、下旬羽化出土，成虫飞出，危害新芽嫩叶，有假死性，上树取食后开始产卵，卵产于叶尖背面，竖立3行，形成卵块，约20余粒；5月下旬至6月上旬为孵化盛期，幼虫孵化后啃叶表皮，呈箩网状，严重时把叶吃光，食叶片呈不规孔洞；6月下至7月上旬幼虫入土化蛹；7月下旬至9月为羽化盛期，秋后飞到潜伏场所过冬。

危害寄主：盐肤木、黑漆树（野漆树）等植物。

危害症状：对漆树危害大，为常发性的主要害虫。成、幼虫均取食叶片，轻者使漆树叶破碎，重者整株叶片全食光，仅剩叶脉，致使漆树受害、生漆产量显著下降。

防治方法：① **人工防治：**a．利用成虫假死习性，振动树干，使其坠地后扑杀。b．冬季前树下铺草，诱成虫集居越冬，次年惊蛰前烧毁。② **化学防治：**使用50%二溴磷乳油150～200倍液喷杀。③ 幼虫危害期，使用90%敌百虫晶体800～1000倍液，或50%敌敌畏乳油1000～1500倍液进行喷雾防治。

黄色凹缘跳甲成虫及其寄主植物

锈色棕榈象 （中文别名：红棕象甲、椰子隐喙象、印度红棕象甲。）

Rhynchophorus ferrugineus (Olivier)

锈色棕榈象成虫

锈色棕榈象幼虫

成虫：体长 28 ～ 35 毫米，红褐色。喙和头长度为体长的 1/3。前胸背板黑斑 2 横排，前排 3 或 5 个，中间一个较大，后排三个均较大。鞘翅短，边缘、接缝处黑色，有时全鞘黑色，每鞘有纵沟 6 条。腹面红黑相间，末端外露。足黑色。**卵：**乳白色，长椭圆形，表面光滑。

幼虫：老龄幼虫体长 40 ～ 45 毫米，黄白色，无足，弯曲状，末端扁平，周缘具刚毛。**蛹：**体长椭圆形，乳白至褐色。**茧：**长椭圆形，纤维束构成。

锈色棕榈象茧

被锈色棕榈象危害的海枣树干

生物学特性：一年发生 2 ~ 3 代，世代重叠。成虫于 6 月和 11 月出现，白天隐藏在叶腋下。卵散产于植株组织，每雌可产 160 ~ 350 粒。幼虫期 30 ~ 90 天，形成交错蛀道。老龄幼虫用纤维结茧化蛹。

危害寄主：椰子、海枣、棕榈、槟榔、枣椰、糖棕、龙舌兰、甘蔗等植物。

危害症状：以幼虫蛀食茎干内部及取食生长点柔软组织，造成隧道，导致受害组织坏死腐烂，并产生特殊气味。严重时造成茎干中空，遇风易折断。

防治方法：① **检疫**：加强苗木引进的检疫监测，防止境外入侵。② **人工防治**：利用其假死性，敲击茎干将其振落后捕杀。③ **诱杀**：采用黑灯光或高压汞灯夜晚诱杀，降低其虫口密度。④ **营林措施**：发现被害植株立即清除并进行药剂处理。⑤ **化学防治**：a. 对伤口及周围进行喷药或涂药处理，常用药剂有 90% 万灵可湿性粉剂（灭多威）、或 30% 乙酰甲胺磷乳油。15 天喷或涂药 1 次，连续喷 2 ~ 3 次。b. 使用 40% 乐果乳油 100 ~ 500 倍液，或 10% 氯氰菊酯乳油 500 ~ 1000 倍液进行整株淋灌，每 7 天进行 1 次，然后在其叶鞘和心芽处放置 5 至 8 个用 40% 乐果乳油 200 倍液浸泡的海绵药袋，每 15 天重新浸泡后再放。

褐纹甘蔗象 （中文别名：褐色棕榈象、棕榈小象甲）

Rhabdoscelus lineaticollis (Heller)

鞘翅目
Coleoptera

象虫科
Curculionidae

褐纹甘蔗象成虫 ▲

褐纹甘蔗象幼虫 ▶

成虫：体长 15 毫米，宽 5 毫米。赭红色，具黑褐色和黄褐色纵纹。触角索节 6 节。前胸背板基部略呈圆形，背面略平，具 1 条明显的黑色中央纵纹，该纵纹在基部 1/2 处扩宽，中间具有一明显的黄褐色纵纹。鞘翅赭红色，具明显黑褐色纵纹。臀板外露，具明显深刻点，端部中间刚毛组成脊状。足细长，跗节 4 退化，隐藏于跗节 3 中，跗节 3 二叶状，显著宽于其他各节。**幼虫**：体长 15 ~ 20 毫米，无足，略呈纺锤形，腹部中央突出。头部呈红棕色，椭圆形，上颚红棕色。前胸背板呈淡黄褐色。胴部为乳白色。**蛹**：长约 13 毫米，宽约 6 毫米，呈土黄色略带白色，具赭红色瘤突。腿节末端外部有突刺，较体色略暗。

生物学特性：一年发生 2 ～ 3 代，世代重叠。成虫集中出现于 5 月和 11 月，遇惊吓有假死现象。雌成虫产卵于寄主叶腋间或树干的伤口、树皮的裂缝处、椰子或甘蔗茎干内或叶鞘内，有时也产卵于叶脉间。幼虫孵出后随即钻入树干内，钻食柔软组织，树干纤维被咬断且残留在虫道内，严重时可使树干成为空壳。当幼虫钻食生长点时，初期使心叶残缺不全，最终使生长点腐烂，造成植株死亡。

危害寄主：海枣、椰子、西谷椰子、大王椰子、华盛顿椰子、槟榔、假槟榔、刺葵、散尾葵、蒲葵、甘蔗等植物。

危害症状：主要以幼虫在叶鞘及茎干内部组织钻蛀为害。初期受害叶片变黄，随后茎干部位受害，导致植株枯萎、死亡。

防治方法：① **检疫**：开展棕榈科植物疫情普查，阻止害虫入侵。② **诱杀**：使用发酵的甘蔗茎干，置于塑料盆内诱捕成虫。③ **化学防治**：a. 使用 40% 乐果乳油 100 ～ 500 倍液，或 10% 氯氰菊酯乳油 500 ～ 1000 倍液进行整株淋灌，每 7 天进行 1 次，然后在其叶鞘和心芽处放置 5 至 8 个用 40% 乐果乳油 200 倍液浸泡的海绵药袋，每 15 天重新浸泡后再放。b. 使用 40.7% 乐斯本乳油，或 40% 氧化乐果乳油 1000 ～ 1200 倍进行喷雾防治，每 15 天喷 1 次，连续喷 2 ～ 3 次。

被褐纹甘蔗象危害的海枣树干

笋横锥大象 （中文别名：长足大竹象、竹横锥大象、竹笋长足象）

Cyrtotrachelus buqueti Guerin-Meneville

笋横锥大象成虫（背面）　　　　　　笋横锥大象成虫（侧面）

成虫：雌虫体长 26 ~ 38 毫米，雄虫体长 25 ~ 39 毫米。橙黄色或黑褐色，头半球形，黑色，喙自头部前方伸出，光滑。触角膝状。前胸背板呈圆形隆起，前缘有约 1 毫米宽黑色边，后缘中央有 1 个箭头状黑斑。鞘翅黄色或黑褐色，外缘圆，臀角处具 1 个尖刺，两翅合并时，尖刺相靠成 90° 角外突，鞘翅上有 9 条纵沟。前足腿节、胫节明显长于中、后足腿节、胫节。卵：长椭圆形。长 4 ~ 5 毫米，宽 1.3 ~ 1.5 毫米。初产乳白色，有光泽，渐变为乳黄色。幼虫：幼虫体长 5 ~ 55 毫米，头黄褐色，大颚黑色，体淡黄色。前胸背板上有 1 黄色斑。体多皱褶，无斑驳。蛹：体长 32 ~ 50 毫米，初乳白色，后渐变橙黄色。

笋横锥大象幼虫

▲ 笋横锥大象的寄主植物

◀ 竹杆上笋横锥大象羽化孔

生物学特性：一年发生 1 代，以成虫于土中蛹室内越冬。翌年 6 月中旬至 8 月下旬出土。幼虫危害期为 6 月中下旬至 10 月中旬，7 月中旬至 10 月下旬化蛹，7 月底或 8 月初至 11 月上旬羽化成虫越冬。

危害寄主：青皮竹、水竹、绿竹、崖州竹、山竹、磁竹、粉箪竹、大头竹等多种竹种。

危害症状：成虫、幼虫均取食竹笋，造成大量退笋、断头竹和畸形竹。一般被害率在 10 ～ 20% 以上，若与笋直锥大象混合危害，严重时被害率可达 90% 以上。

防治方法：① **人工防治**：成虫盛发期，利用其假死性，振落捕杀。② **营林措施**：对竹林深松土，破坏越冬土茧，不仅可以减少来年虫源数，还可以增强植株长势减少为害。③ **化学防治**：林间发现有虫危害时，可使用 40% 氧化乐果乳油或废机油涂于竹竿或笋壳上，防止其上树为害。

笋直锥大象 （中文别名：竹大象、竹笋大象虫、竹直锥大象）

Cyrtotrachelus thompsoni Alonso-ZarazagaetLyal

笋直锥大象成虫（背面）　　　　　　　　　　笋直锥大象成虫（侧面）

　　成虫： 雌虫体长 20～32 毫米，雄虫体长 22～34 毫米。初羽化成虫体鲜黄色，出土后为橙黄色，其中有黄褐色和黑褐色个体。头黑色；触角膝状，着生于管状喙后方的月牙形沟中，柄节长，鞭节 7 节，末节膨大成靴状，靴底为橙黄色；喙从半球形的头部伸出。前胸背板后缘中央有 1 个或大或小，形状或圆或不规则形的黑斑。鞘翅外缘弧形，臀角钝圆、无尖刺，两翅合并时中间凹陷。前足腿节、胫节与中、后足等长。**卵：** 长柱形，两端较圆。长 3.0～4.1 毫米，宽 1.2～1.3 毫米。初产乳白色。有光泽，孵化前为淡棕色。**幼虫：** 初孵幼虫体长 4 毫米，全体乳白色，开始取食后体变为乳黄色，头壳淡黄褐色，体多皱褶，体节不明显。老熟幼虫体长 38～48 毫米，淡黄色，头黄褐色，口器黑色。前胸背板骨化，前胸侧板及中胸、后胸背板、侧板均有深黄色的骨化区。体多皱褶，从腹部向上均能分清各个体节，背面皱褶同笋横锥大象，每体节上有较多的小皱纵褶。尾部匙状，尾匙边骨化、黄色。**蛹：** 长 34～45 毫米，初乳白色，后渐变土黄色。茧附有竹笋纤维与泥土，长椭圆形。外径长 50～62 毫米，内径长 38～55 毫米，土茧壁厚 5 毫米。

生物学特性：一年发生 1 代，以成虫在土下茧中越冬。翌年 5 月上旬至 8 月出土。卵期为 5 月中旬到 10 月上旬，成虫 10 月上旬终见。平均气温 24 ~ 28℃时成虫开始出土。成虫出土 24 小时后开始咬食嫩笋，成虫有假死性，一受惊扰随即坠地。交尾后即寻找未被产过卵的竹笋产卵，每穴产卵一粒，卵期 2 ~ 3 天。幼虫 5 龄，老熟幼虫咬断竹笋随笋筒在地面上爬行寻找化蛹场所入土化蛹。蛹期约 14 天。多发生于阴湿和不加管理的竹林。

危害寄主：青皮竹、毛竹、粉箪竹、撑篙竹、甜竹、绿竹、水竹、茶竹等多种竹种。

危害症状：成虫在笋粗 1 ~ 2 厘米较细的丛生竹、竹笋笋箨外将管状喙钻入竹笋中进行补充营养和啄建卵床、卵穴，造成竹笋秆上很多虫孔，影响竹笋生长和发育。能成竹者，竹子秆上多有虫孔、凹陷、节间缩短、竹材僵硬。初孵幼虫向笋上端取食直到笋梢，再转身向下取食。危害轻者造成成竹断梢，而大多被害竹笋不能生长而死亡。

防治方法：① **人工防治**：成虫盛发期，利用其假死性，振落捕杀。② **营林措施**：对竹林深松土，破坏越冬土茧，不仅可以减少来年虫源数，还可以增强植株长势减少为害。③ **化学防治**：林间发现有虫危害时，可使用 40% 氧化乐果乳油或废机油涂于竹竿或笋壳上，防止其上树为害。

竹直锥大象黑色个体（背面）

竹直锥大象黑色个体（侧面）

蓝绿象 （中文别名：绿鳞象甲、绿绒象甲、大绿象甲）

Hypomeces squamosus Fabricius

蓝绿象成虫（左雄成虫，右雌成虫）

成虫：体长 15 ～ 18 毫米，呈纺锤状，全体黑色，体上刻点圆形，并密披墨绿色、淡绿色、淡棕色、古铜色、灰色、绿色等闪闪有光的鳞毛，有时杂有橙色粉末。头、喙背面扁平，中间有一宽而深的中沟，复眼十分突出，头连同头管与前胸等长，前胸背板以后缘最宽，前缘最狭，中央有纵沟。小盾片三角形。鞘翅末端收缩，上有 19 列刻点，腿节中间特别膨大。雌虫腹部较大，雄虫较小。**卵：**椭圆形，长约 1.2 ～ 1.5 毫米，灰白色。**幼虫：**初孵幼虫乳白色，老熟幼虫黄白色或淡黄色，头黄褐色，体稍弯，体肥多横皱，无足。气门明显，橙黄色，前胸及腹部第 8 节气门特别大。**蛹：**长 12 ～ 16 毫米，乳白色或淡黄色。

蓝绿象成虫

生物学特性：一年发生2代，以成虫或老熟幼虫越冬。4～6月成虫盛发。广东终年可见成虫为害。成虫白天活动，飞翔能力弱，善爬行，有群集性和假死性，受惊即下落，但立即会爬走逃跑。出土后爬至枝梢为害嫩叶，能交配多次，夜晚及阴雨天躲于杂草丛中或落叶下。卵多单粒散产在叶片上，产卵期80多天，每雌产卵80多粒。幼虫孵化后钻入土中10～13厘米深处取食杂草或树根。幼虫期80多天，9月孵化幼虫的生长期长达200天。幼虫老熟后在6～10厘米土中化蛹，蛹期17天。靠近山边、荒地边且杂草多的苗圃和林地受害重。

危害寄主：小叶榄仁、茶树、油茶、柑橘、棉花、甘蔗、桑树、大豆、花生、玉米、烟、麻等植物。

危害症状：成虫取食林木的嫩枝、芽、叶，食叶成缺刻或孔洞，至叶片吃光，影响树木生长或使植株枯死。

防治方法：① **人工防治**：利用成虫的群集性和假死性，震落后捕杀。② **化学防治**：75%辛硫磷乳油、或50%敌敌畏乳油1000～1500倍液，或20%速灭杀丁乳油2000～3000倍进行喷雾防治。

蓝绿象危害状（樟树）

马尾松角胫象 （中文别名：松白星象）
Shirahoshizo patruelis (Voss)

鞘翅目
Coleoptera

象虫科
Curculionidae

马尾松角胫象成虫

成虫：体长 4.7 ~ 6.8 毫米。红褐或灰褐色。体覆盖红褐色、白色鳞片。白色鳞片在前胸背板、鞘翅和足聚成斑点。头部散布密的刻点。头管弯曲约与前胸等长。前胸背板前缘宽约等于后缘的一半，两侧各具白斑 2 个。4 个白斑列成一条直线。鞘翅中央前、后各具 2 个由鳞片组成的小白斑。鞘翅长约宽的 1.5 倍。**卵：**圆形，乳白色。**幼虫：**体长 7.0 ~ 12.0 毫米。体黄白色。略弯曲。气门淡黄色，胸部气门 1 对，腹部 8 对。**蛹：**体长 5.0 ~ 9.9 毫米，椭圆形，黄白色。头管稍弯，贴于腹面。腹部第 1 ~ 7 节背面侧缘各具 1 个小瘤突。臀节末端具 1 对刺突。

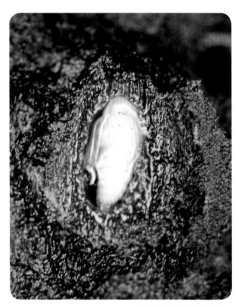

马尾松角胫象蛹

生物学特性：一年发生2代，以中龄幼虫在松树皮层中越冬。翌年幼虫3月下旬至6月上旬化蛹，5月中旬羽化后交配产卵。5月下旬至7月下旬为第1代幼虫危害期。7月下旬始见第1代成虫。8月上旬出现第2代幼虫，11月底停止取食，在松树皮层越冬。成虫羽化后，留居蛹室内4～6天后咬圆形孔爬出。成虫具假死性和趋光性，寿命41～62天。初龄幼虫在皮层中弯曲钻蛀。中龄后，幼虫沿原坑道周围蛀食，坑道呈块状。成熟幼虫顺木纤维排列方向，啮取蛀丝，制成一疏松的椭圆形蛀丝团，在其下咬筑蛹室。成熟幼虫居于蛹室，头部向上化蛹。蛹历期为11～18天。

危害寄主：马尾松、湿地松、火炬松、加勒比松、黑松、华山松、黄山松、云南松等松属植物。

危害症状：幼虫钻蛀马尾松等衰弱松树皮层，形成不规则坑道，截断树液流动，聚集为害时，造成树皮与边材脱离，使植株枯萎死亡。蛀屑和粪粒充塞其中，材质不堪利用。

防治方法：① **林业措施**：结合抚育和采伐，清除衰弱木、虫害感染木，并立即作剥皮处理。② **诱杀**：严重发生的林地，在4～6月成虫羽化盛期，可设置饵木或利用林区新鲜伐桩，诱其聚集产卵。③ **化学防治**：7月剥皮后，及时喷洒20%速灭杀丁乳油1000～1500倍液，或50%敌敌畏乳油800～1000倍液，杀灭幼虫。

被马尾松角胫象危害的松树

松瘤象 （中文别名：松大象）
Hyposipalus gigas Linnaeus

鞘翅目
Coleoptera

象虫科
Curculionidae

松瘤象雌成虫（背面）

松瘤象雌成虫（侧面）

成虫：体长 15 ~ 25 毫米。体壁坚硬，褐色，具黑褐色斑纹。头部呈小半球状，散布稀疏刻点。喙较长，向下弯曲，基部粗糙无光泽，端部黑色具光泽。前胸背板长大于宽，具粗大的瘤状突起，中央有一条光滑纵纹。小盾片极小。鞘翅基部比前胸基部宽，鞘翅行间具稀疏、交互着生的小瘤突。足胫节末端有一个锐钩。**卵：**长 3 ~ 4 毫米，白色，产于树皮裂缝中。**幼虫：**老熟幼虫体长约 27 毫米，乳白色，肥大肉质。头部黄褐色。足退化，腹末有棘状突三对。胴部弯曲，中部数节尤为肥状，弯曲似菱形。**蛹：**体长 15 ~ 25 毫米，乳白色，腹末有二向下尾状突。

生物学特性：一年发生 1 代，以幼虫在木质部坑道内越冬。翌年 5 月化蛹，蛹期 15～25 天。5 月下旬至 6 月上旬羽化。成虫羽化后啃食嫩枝以补充营养 5～8 天后进行交尾，10～12 天后开始产卵。卵期 12 天左右，6 月末至 7 上旬幼虫孵化。幼虫孵化后即蛀食韧皮部，并逐渐向木质部和心材部危害，蛀屑白色颗粒状，排出堆积在被害材外面。成虫具假死性和趋光性，喜欢聚集在壳斗科植物溢出的树液处。适生于松林、贮木场。

危害寄主：马尾松、湿地松、火炬松、加勒比松、黑松、黄山松、华山松等松属植物。

危害症状：幼虫孵化后不久就蛀入木质部，沿木射线横切蛀食，随虫体增大而加宽，深入木质部，甚至可穿过木材。蛀屑颗粒状，堆积在受害材外面。受害立木纵切面呈蜂窝状。

防治方法：① **加强检疫和防止扩散**：在现场检验马尾松伐倒木或板材时，应观察是否有蛀孔、蛀道、蛹室。由于松瘤象幼虫个体大，成虫特征明显，较易辨认，当发现感染时，应用磷化铝片剂或溴甲烷每立方 15～20 克密闭熏蒸 24 小时以上处理。同时还应防治人为携带该虫的扩散传播。
② **人工防治**：人工拔除受害木。对受松瘤象危害的树木实行全面锯伐，伐桩不高于 5 厘米；将伐除树木运出林区空阔地集中烧毁；对伐桩先用刀砍"十"字形切口，"十"字形切口达 2 厘米以上，再使用 1：20 的 70% 马拉硫磷乳油溶液淋洒，每伐桩 10 毫升，最后用白色塑料袋罩住伐桩，防止药液挥发。③ **诱杀**：利用成虫具有较强趋光性的特性，在成虫期设置黑光灯等灯具诱杀成虫，可有效降低虫口密度，减轻危害。

松瘤象钻蛀后的孔洞 ▶

被松瘤象危害的松树树干 ▼

桔小实蝇 （中文别名：针蜂、果蛆、橘小实蝇、柑橘小实蝇、东方果实蝇）

Bactrocera dorsalis Hendel

桔小实蝇成虫

成虫：体长 7 ~ 8 毫米，翅透明，翅脉黄褐色，有三角形翅痣。全体深黑色和黄色相间。胸部背面大部分黑色，具明显的黄色"U"字形斑纹。腹部黄色，第 1、2 节背面各有一条黑色横带，从第 3 节开始中央有一条黑色的纵带直抵腹端，构成一个明显的"T"字形斑纹。雌虫产卵管发达，由 3 节组成。**卵：**梭形，长约 1 毫米，宽约 0.1 毫米，乳白色。**幼虫：**蛆形，无头无足型，老熟时体长约 10 毫米，黄白色。**蛹：**为围蛹，长约 5 毫米，全身黄褐色。

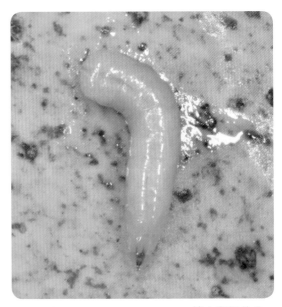

桔小实蝇幼虫

生物学特性：一年发生 7 ～ 8 代。成虫在将成熟的果实上产卵。幼虫孵化后在果实中取食果肉，在受害果实中发育成长，老熟幼虫从果实中钻出，弹跳落地入土。桔小实蝇在果园的活动，多发生在早上 11 点前或下午 16 ～ 18 点，是其取食、产卵和交配最适的时间，尤其是黄昏时间交配活动更频繁。桔小实蝇成虫一生可交配多次，多次交配的雌虫，营养充足时，一生可产卵近 1000 粒或更多的卵。

危害寄主：柑橘、杧果、番石榴、番荔枝、阳桃、枇杷等 250 余种果实。

危害症状：幼虫群集于柑橘果实中吸食瓤瓣中的汁液，被害果外表色泽尚鲜，但瓤瓣干瘪收缩，成灰褐色，常未熟先落。作物果实受幼虫危害后，造成落果或使果实失去经济价值，严重发生的地区造成作物绝收，或达 80% 以上的作物产量损失。

防治方法：① **人工防治**：捡拾虫害落果，摘除树上的虫害果一并烧毁或投入粪池沤浸。② **诱杀**：a．使用 90% 敌百虫晶体稀 100 倍液，加 3% 红糖制成毒饵诱杀成虫。b．应用甲基丁香酚引诱剂加 3% 的 45% 马拉硫磷乳油制成蔗渣纤维板小方块悬挂树上，每平方公里 50 片，在成虫发生期每月悬挂 2 次。③ **化学防治**：实蝇幼虫入土化蛹或成虫羽化的始盛期，使用 50% 马拉硫磷乳油，或 50% 二嗪农乳油 1000 ～ 1500 倍液喷洒果园地面，每隔 7 天左右 1 次，连续 2 ～ 3 次。

◀ 被桔小实蝇危害的蒲桃

▼ 桔小实蝇成虫

咖啡豹蠹蛾

（中文别名：豹纹木蠹蛾、咖啡木蠹蛾、豹蠹蛾）

Zeuzera coffeae Nietner

鳞翅目
Lepidoptera

木蠹蛾科
Cossidae

▲ 咖啡豹蠹蛾幼虫

◀ 咖啡豹蠹蛾幼虫的孔洞

　　成虫：体长18～22毫米，翅展42～58毫米。胸部白色，前胸有3对青蓝色圆斑。前翅灰白色，翅脉黄褐色，翅脉间密布短黑色条纹，翅前、后缘及脉端有显著的黑色斑点。背部中央、两侧及背腹交界处共5列黑点。**卵：**椭圆形，初产时淡黄色，近孵化时棕褐色。**幼虫：**初孵幼虫头部深紫色，胸腹部淡红色，老熟后体红至紫红色。头部梨形，常缩入前胸。体有许多褐色毛瘤。前胸背板骨化，稍呈梯形。腹部第8气门特别大，臀板黑褐色。**蛹：**赤褐色，长椭圆形。头端尖突，腹部2～7节各有二横带，第8节有一横隆起带，带上有锯齿状刺列，末端有6对臀刺。

生物学特性：一年发生1代，以老熟幼虫在树干越冬。幼虫于第二年4月上旬至6月中旬化蛹，并于5月上旬开始羽化。成虫对光及糖、酒、醋具有趋性，白天潜伏于阴凉、隐蔽的草丛中，夜间取食，交配后开始产卵，卵单产或聚产于嫩梢尖及树皮缝隙和树干伤口内。5月下旬至7月下旬，当气温变暖、植物萌芽后，卵孵化，幼虫吐丝结网取食卵壳，1～2天后向嫩梢、幼芽扩散，后从新梢不远处蛀入枝内为害。

危害寄主：小叶榄仁、桉树、乌桕、刺槐、核桃、石榴、枫杨、悬铃木、柑橘、茶等多种植物。

危害症状：幼虫蛀入枝条，在皮层与木质部间先咬一蛀环，后深入木质部，沿髓部向上取食，隔一段距离向外咬一圆形蛀入孔，常有木屑和粪便从其排出。被害枝干不久枯萎，枝干枯死后幼虫移出，转枝或沿本枝干向下方继续危害。造成树干多处蛀孔，树干内有蛀道，树势生长衰弱甚至枯死。

防治方法：① **人工防治**：用铁丝深入虫蛀道刺杀或剪虫枝。② **诱杀**：设置黑光灯、设置含杀虫剂的糖、酒、醋液诱盆，诱杀成虫。③ **化学防治**：棉签蘸取50%辛硫磷乳油100倍液，堵塞洞口或注入隧道内，以泥封闭。5～6月，在蛀孔附近喷80%敌敌畏乳油800～1000倍液，将外出幼虫触杀死。在卵孵化盛期，初孵幼虫蛀入枝干危害之前，使用苏云金杆菌（Bt）乳剂加10%高效氯氰菊酯乳油1500～2000倍液对树冠进行喷雾防治，能收到很好的杀虫效果。

◀ 危害处的孔洞

▼ 被咖啡豹蠹蛾危害的小叶榄仁

木麻黄豹蠹蛾 （中文别名：木麻黄多纹豹蠹蛾、豹纹木蠹蛾）

Zeuzera multistrigata Moore

鳞翅目
Lepidoptera

木蠹蛾科
Cossidae

木麻黄豹蠹蛾成虫

木麻黄豹蠹蛾蛹

成虫：雌虫体长 25 ～ 44 毫米，翅展 40 ～ 70 毫米。体灰白色。触角丝状，浅褐色。前翅密布蓝斑点；后翅灰白色，斑点稀少而色浅。雄虫体长 16 ～ 30 毫米，翅展 30 ～ 45 毫米，触角基半部双栉齿状，端部丝状，后翅有翅缰 1 根。**卵**：椭圆形，长 0.8 毫米，宽 0.6 毫米，粉红色或黄白色。**幼虫**：老熟幼虫体长 30 ～ 80 毫米，浅黄色或黄褐色。头部浅褐色。前胸背板发达，后缘有 1 个黑斑。体节上有黄褐色毛瘤。胸足黄褐色。腹足赤褐色。

蛹：雌蛹体长 26 ～ 48 毫米，雄蛹体长 17 ～ 32 毫米，长筒形，赤褐色。头顶具一齿突。

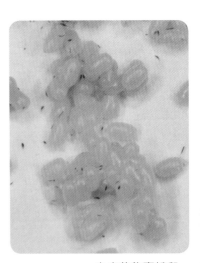

木麻黄豹蠹蛾卵

生物学特性：一年发生1代，以老龄幼虫在树干基部的蛀道内越冬。翌年2月下旬又重新蛀食，5月上旬至8月下旬化蛹，蛹期20天。6月中、下旬为成虫羽化盛期。卵期18天，6月上旬少量卵孵化，7月上、中旬为孵化盛期。

危害寄主：以幼虫钻食嫩梢、小枝、主干、主根，使树干枝叶枯萎，新枝不长，树干畸形，重者引起风折或整株枯死。

危害症状：以幼虫钻食嫩梢、小枝、主干、主根，使树干枝叶枯萎，新枝不长，树干畸形，重者引起风折或整株枯死。

防治方法：① **营林措施：**防护林带内对虫口密度过大，无保留价值的林带及时进行改造，以减少虫源。② **诱杀：**黑光灯等诱虫灯的悬挂高度，以离地面3米左右为宜。③ **化学防治：**a. 进行喷雾防治毒杀尚未蛀入干内的初孵幼虫，使用4.5%联苯菊酯乳油2000～3000倍液，或40%氧化乐果乳油1000～1500倍液进行喷雾防治。b. 药剂注射虫孔，在已蛀入干内的中、老龄幼虫，使用80%敌敌畏乳油40～50倍液，或20%杀灭菊酯乳油100～150倍液注入虫孔内，外敷粘泥。

◀ 木麻黄豹蠹蛾幼虫

▼ 被木麻黄豹蠹蛾危害的植株

相思拟木蠹蛾 （中文别名：盘斑拟蠹蛾）

Squamura discipuncta (Wileman)

鳞翅目
Lepidoptera

拟木蠹蛾科
Metarbelidae

被相思拟木蠹蛾危害的植物树干

成虫：雌成虫体长 7 ~ 12 毫米，翅展 22 ~ 25 毫米；雄成虫体长 7 ~ 10.5 毫米，翅展 20 ~ 24 毫米。体灰褐色，两性成虫颜色相仿。头顶鳞片灰白色，口器退化，下唇须短小。胸部背面被灰褐色鳞片，腹面白色。前翅近长方形，灰白色，中室中部有一黑色斑块。黑斑的外侧有 6 个近长方形的褐斑，排列成弧形。前缘有 11 个褐斑，外缘及后缘各有 5 ~ 6 个灰褐色斑块，沿翅缘分列。后翅近四方形，外缘有 8 个灰褐色斑。腹端鳞片长 2 ~ 4 毫米，黑褐色，成丛。**卵**：椭圆形，乳白色近透明，表面光滑，卵粒排列成鱼鳞状卵块，外被黑褐色胶状物。**幼虫**：老熟幼虫体长 18 ~ 27 毫米，体漆黑色，体壁大部分骨化。**蛹**：长 12 ~ 16 毫米，赭黄色，触角内上方有 1 对粗大突起。腹端部浑圆，有粗短棘。

生物学特性： 一年发生1代，以近老熟幼虫在虫道中越冬，4～5月化蛹，成虫羽化后当晚进行交尾、产卵。产卵持续3～4晚，每头雌虫平均产卵量为100粒左右。幼虫5月中旬出现，多在树枝分叉、树皮粗糙和伤口等处钻蛀虫道，白天匿居其中。虫道不深，外面有由虫粪、蜕皮头壳及树皮碎屑组成的隧道，幼虫在傍晚从隧道外出啃树皮。

危害寄主： 台湾相思、杧果、木麻黄、樟树、羊蹄甲、荔枝、龙眼、悬铃木、刺槐等植物。

危害症状： 幼虫在树上钻蛀浅坑，啃食树皮。被害树木常由于韧皮部受伤而生长不良。

防治方法： ① **人工防治：** 用铁丝刺杀虫道内的幼虫和蛹。② **化学防治：** a．进行喷雾防治毒杀尚未蛀入干内的初孵幼虫：使用4.5%联苯菊酯乳油2000～3000倍液，或40%氧化乐果乳油1000～1500倍液进行喷雾防治。b．药剂注射虫孔，在已蛀入干内的中、老龄幼虫，使用80%敌敌畏乳油40～50倍液，或20%杀灭菊酯乳油100～150倍液注入虫孔内，外敷粘泥。

◀▼ 被相思拟木蠹蛾危害的植物树干

桉小卷蛾 （中文别名：桉斑齿小卷蛾、桉树卷叶蛾、小卷叶蛾）
Strepsicrates coriariae Oku

鳞翅目
Lepidoptera

卷蛾科
Tortrcidae

被桉小卷蛾危害的桉树叶片

成虫：小型蛾子。体长 6 ～ 7 毫米，翅展 13 ～ 14 毫米。前翅灰褐色，后翅灰色，翅缘有很多长毛，前翅外缘黑色，前缘有灰黑相间的条纹。下唇须发达，触角丝状。幼虫：浅绿色，体长在 2 ～ 14 毫米，体圆筒形。虫背有贯穿全体的 3 条黑色纵带和 2 条白色纵带相间。毛片白色，上长刚毛 1 根。头黄褐色，前额较硬，咀嚼式口器，腹足 3 对，尾足 1 对，末端臀棘明显。蛹：体长 5 ～ 7 毫米，宽 2 ～ 2.5 毫米，黄棕色，具光泽。

被桉小卷蛾危害的桉树叶片

生物学特性：一年发生 8 ~ 9 代，世代重叠，无越冬现象。气温低时发育缓慢，夏秋高温季节发生一代只需 30 天。成虫晚间交尾产卵，卵散产于嫩梢、嫩叶或嫩叶柄上，孵化后缀嫩叶或嫩梢结成苞。1 ~ 2 龄幼虫藏于苞中取食，3 龄后常爬出苞外取食或弃老苞另结新苞，造成转移危害。幼虫 5 龄，老熟幼虫在地表缀土粒结茧化蛹，少数在苞中化蛹。每年 5 月前后为桉小卷蛾的盛发期，6 月后至冬季极少发现此虫。为害发生量与林龄有关，此虫只危害在 6 月前刚造林的幼林苗木，在 6 月后造的幼林，即使来年 5 月左右嫩梢嫩叶很多，但林地的桉小卷蛾种群密度极低。危害多种桉树的苗木与成林。被害率为 10% ~ 20%，严重达 60% ~ 100%。

危害寄主：毛叶桉、大叶桉、柠檬桉、蓝桉、赤桉、刚果 12 号桉、尾叶桉、巨桉、葡萄桉、窿缘桉、雷林 1 号桉、托里桉、白千层、白树油树、红胶木、桃金娘等。在日本危害毒空木。

危害症状：以幼虫将顶芽嫩叶缀合成苞，虫苞多在被害株中下部的侧梢上，幼虫在叶苞内取食，残留叶脉，影响苗木生长，降低苗木质量，严重者无成苗希望。如危害主干生长点，则造成丛生，干形不良。

防治方法：① **林业措施**：选择抗虫树种，如刚果 12 号按。每年 4 ~ 5 月是桉小卷蛾的盛发期，避开此期造林可减少危害。② **诱杀**：成虫有趋光习性，可用黑光灯等诱杀。③ **化学防治**：a. 严重发生时，使用 80% 敌敌畏乳油，或 90% 敌百虫晶体，或 25% 灭幼脲Ⅲ号 1000 ~ 2000 倍液进行喷雾防治，效果较好，但一定要喷湿虫苞，每隔 1 周喷 1 次，连续进行喷雾防治 2 ~ 3 次。b. 造林时在每株根际施入 3% 呋喃丹粒剂 5 ~ 10 克，药效能维持 2 个月左右，还可兼治地下害虫。

被桉小卷蛾危害的桉树叶片

松实小卷蛾

（中文别名：马尾松小卷蛾、马尾松小卷叶蛾、松梢小卷蛾）

Retinia cristata (Walsingham)

▲ 松实小卷蛾成虫

◄ 松实小卷蛾幼虫

成虫：体长 4.6 ~ 8.7 毫米，翅展 11 ~ 19 毫米。体黄褐色。头部深黄色，有土黄色的冠丛；复眼赭红色；下唇须黄色；触角丝状，静伏时放于前翅上。前翅黄褐色，中央有 1 条银灰色斑纹，在靠近翅基 1/3 处，有较淡的银灰色纹 3 ~ 4 条；钩状纹银灰色；肛上具肾形银色斑纹，斑内有 3 个小黑点；后翅暗灰色。

卵：椭圆形，长约 0.8 毫米，黄白色，半透明，孵化前变为樱桃红色。**幼虫：**淡黄色，头部及胸背板黄褐色，体光滑无斑纹。老熟幼虫体长 9.4 ~ 15.0 毫米。

蛹：纺锤形，茶褐色，长 6.0 ~ 10.5 毫米，宽 1.8 ~ 2.6 毫米，腹端有 3 个明显的小齿突，臀刺 6 根。

松实小卷蛾蛹

生物学特性：一年发生 4 ～ 5 代，以蛹在枯梢和被害球果的薄茧中越冬。初龄幼虫于当年生嫩梢上开始蛀食，随即蛀入髓心。蛀孔以上被害梢萎黄呈钩状弯曲。5 月初，部分第 1 代幼虫从梢转至球果，并从中上部蛀入，蛀孔外具流脂并粘附大量虫粪和蛀屑。3 ～ 4 天后，球果萎蔫变成棕褐色枯果或扭曲畸形。幼虫还具有转梢、转果危害的习性。幼虫老熟后，斜向蛀入果轴，并在其中化蛹。该虫种群的发生量一般随寄主树龄增加而增加。马尾松林中，该虫常与油松球果小卷蛾、微红梢斑螟、芽梢斑螟和松纵坑切梢小蠹先后伴随蛀食当年生嫩梢。在温度较高及林况杂乱的林分中发生较严重。

危害寄主：马尾松、湿地松、火炬松、加勒比松等松属和侧柏植物。

危害症状：以幼虫危害松类的嫩梢和球果，造成大量嫩梢弯曲呈钩状，枯萎折断或逐渐枯死。被蛀食的球果枯死脱落，种子减产。

防治方法：① **人工防治**：人工采摘虫害果。在 5 月底前采摘黄褐色的虫害果，集中处理。② **林业措施**：营造混交林，适当加大造林密度，加强管理，促早郁闭，抑制虫害。③ **诱杀**：在成虫盛发期，设置黑光灯，进行成虫灯光诱杀。④ **化学防治**：严重发生时，使用 80% 敌敌畏乳油、或 90% 敌百虫晶体、或 25% 灭幼脲Ⅲ号、或 50% 辛硫磷乳油 1000 ～ 2000 倍液进行喷雾防治，效果较好。

球果顶部的蛀孔 ▶
被松实小卷蛾危害的马尾松松梢 ▼

肉桂双瓣卷蛾
Polylopha cassiicola Liu et Kawabe

肉桂双瓣卷蛾成虫

成虫：翅展 11 ~ 14 毫米。触角淡褐色。下唇须相当长，略向上举；第二节顶斑由粗鳞强烈扩大；末节钝。胸部无脊突。前翅长椭圆形，前缘弯曲，外缘倾斜；底色灰褐色，有闪光，部分夹杂橘红褐色，特别是在前缘和顶角；基斑比较明显；翅面上有 3 ~ 4 排成丛的竖鳞。后翅呈亚四边形，无枙毛。

被肉桂双瓣卷蛾危害的樟树末梢

生物学特性：一年发生 7 代，世代重叠。各虫态随时可见，没有冬、夏休眠滞育现象。第一代幼虫在 2 月下旬至 3 月下旬危害樟树、黄樟嫩梢和少量肉桂晚冬梢。第二代幼虫在 4 月上旬至 5 月上旬正遇上肉桂春梢萌发高峰期，以致造成一片枯萎。直到第七代仍在危害肉桂。

危害寄主：肉桂、樟树、黄樟等植物。

防治方法：① **人工防治**：人工采摘虫害果用手捏杀幼虫和蛹。② **林业措施**：营造混交林，适当加大造林密度，加强管理，促早郁闭，抑制虫害。将寄主附近可以隐藏幼虫的枯枝落叶清扫销毁，消灭越冬幼虫。③ **诱杀**：在成虫盛发期，设置黑光灯，进行成虫灯光诱杀。④ **化学防治**：严重发生时，使用 80% 敌敌畏乳油、或 90% 敌百虫晶体、或 25% 灭幼脲Ⅲ号、或 50% 辛硫磷乳油 1000 ～ 1500 倍液进行喷雾防治，效果较好。

肉桂双瓣卷蛾危害樟树树苗

杉梢花翅小卷蛾 （中文别名：杉梢小卷蛾、杉梢螟）

Lobesia cunninghamiacola (Liu *et* Bai)

杉梢花翅小卷蛾成虫

杉梢花翅小卷蛾蛹

鳞翅目
Lepidoptera

卷蛾科
Tortrcidae

成虫：体长 4.5 ~ 6.5 毫米，翅展 12 ~ 15 毫米。触角丝状，黄褐色。前翅深黑褐色，基部有 2 条平行斑，端部有"×"形条斑和一条行斑，条斑中部银色，边缘褐色。后翅浅褐黑色，无斑驳。前、中足黑褐色，胫节有 3 个灰白色环状纹；后足灰褐色，有 4 个灰白色环状纹。**卵**：扁圆形，乳白色，胶汁状，孵化时色变深。**幼虫**：体长 8 ~ 10 毫米，头、前胸背板及肛上板暗红褐色，体紫红褐色，每节中间有白色环。**蛹**：体长 4.5 ~ 6.5 毫米，腹部各节背面有 2 排大小不同的刺，前排大，后排小。腹末具大小，粗细相等的 8 根钩状臀棘。

被杉梢花翅小卷蛾危害的杉树

被杉梢花翅小卷蛾危害的杉树

生物学特性：一年发生 2 ～ 5 代，以蛹在被害梢内结薄茧越冬。翌年春季羽化产卵，卵乳白色，扁圆形，散产在嫩梢针叶背面主脉旁。初孵幼虫嚼食嫩梢中层叶缘，3 ～ 4 龄后转入梢内危害，老熟后在梢内化蛹。该虫一般发生在五年生左右的人工纯杉林中。

危害寄主：杉树。

危害症状：食害杉木主、侧梢顶芽，被危害的主梢常萌生几个枝条，使杉木不能形成主干。

防治方法：① **人工防治**：人工采摘虫害果用手捏杀幼虫和蛹。② **诱杀**：a．在成虫盛发期，设置黑光灯，进行灯光诱杀。b．糖醋液诱杀成虫。③ **化学防治**：严重发生时，使用80%敌敌畏乳油、或90%敌百虫晶体、或25%灭幼脲Ⅲ号、或50%辛硫磷乳油、或10%吡虫啉可湿性粉剂1000 ～ 1500 倍液进行喷雾防治，每隔1周左右喷洒药剂1次，连续2 ～ 3次，可以收到好的效果。

棉褐带卷蛾
（中文别名：小黄卷叶蛾、茶小卷叶蛾、棉小卷叶蛾）

Adoxophyes orana (Fischer von Roslerstamm)

棉褐带卷蛾成虫

成虫：翅展 13 ～ 23 毫米。下唇须第二节背面呈弧状，末节稍下垂。前翅有前缘褶，淡棕到深黄色；基斑、中带和端纹褐黄色。基斑有前缘褶 1/2 开始伸展到后缘的 1/3。中带由前缘的 1/2 开始斜至后缘 2/3 并由中部产生一分支伸向臀角。端纹从前缘的 3/4 处扩大到外缘并延伸到臀角。后翅淡灰褐色，缘毛灰黄色。**卵**：扁椭圆形，淡黄色，排列呈鱼鳞状。

幼虫：体长 13 ～ 15 毫米。上颚第 5 齿钝平，肛上板前缘无圆斑。幼小时黄绿色，长大后变成翠绿色。臀栉 6 ～ 8 根。**蛹**：长 9 ～ 10 毫米。上唇基上有 2 对毛。腹部 2 ～ 7 节背面有两横列刺突，后面一列较小而密；臀棘 8 根。

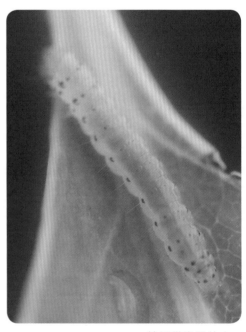

棉褐带卷蛾幼虫

生物学特性：一年 5 ～ 6 代，以幼虫在枯叶残枝里越冬。春天花木发芽时，越冬幼虫顺枝条爬到新梢枝嫩芽幼叶上为害。5 月幼虫老熟化蛹，蛹期约 7 天。成虫夜伏日出，对黑光灯、果汁和糖醋液有强趋性。成虫产卵于叶上和果皮上，卵块扁平，呈鱼鳞状排列，卵期 10 天左右。10 月中下旬幼虫寻找适合的缝隙，以幼虫结薄茧越冬。

危害寄主：木棉、灰梨、棉、茶、柑橘等植物。

危害症状：初孵幼虫群栖在叶片上为害，以后分散为害，并常吐丝缀连叶片成苞，在其中啃食叶肉，造成叶片网状或孔洞，有的还啃食果皮，影响绿化美化效果和果品质量下降。在灰梨树蛀入嫩梢中危害，造成嫩梢大量枯死。

防治方法：① **人工防治**：人工采摘虫害果用手捏杀幼虫和蛹。② **诱杀**：a．在成虫盛发期，设置黑光灯，进行成虫灯光诱杀。b．糖醋液诱杀成虫。③ **化学防治**：a．严重发生时，使用 80％敌敌畏乳油、或 90％敌百虫晶体、或 25％灭幼脲Ⅲ号、或 50％辛硫磷乳油、或 10％吡虫啉可湿性粉剂 1000 ～ 2000 倍液进行喷雾防治，每隔 1 周左右喷洒药剂 1 次，连续 2 ～ 3 次，可以收到好的效果。b．使用 80％敌敌畏乳油、或 40％氧化乐果乳油、或 20％速灭杀丁乳油 2000 ～ 2500 倍液进行喷雾防治。

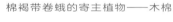
棉褐带卷蛾的寄主植物——木棉

竹织叶野螟 （中文别名：竹螟、竹苞虫、竹卷叶虫、竹野螟）
Algedonia coclesalis Walker

竹织叶野螟成虫　▲
竹织叶野螟幼虫　▶

　　成虫：体长 9 ~ 12 毫米，翅展 24 ~ 31 毫米，体黄色至黄褐色，腹面银白色。复眼与额面交界处银白色，触角黄色。前翅黄色至深黄色，端线与亚端线相接呈褐色宽边，外线、中线与内线深褐色，外线下半线内倾与中线相接。后翅色浅，外缘有与前翅同色、等宽的边，中线弯曲褐色。足纤细，银白色，外侧黄色。**卵**：扁椭圆形，长 0.84 毫米、宽 0.74 毫米，初产蜡黄色，逐渐成淡黄色。卵块呈鱼鳞状排列，卵粒相叠紧密。**幼虫**：老熟幼虫体长 16 ~ 24 毫米，体色有乳白色、浅绿色、墨绿色及黄褐色。前胸背板明显，中、后胸背面有褐斑 6 块，中间两块分开距离略大，腹部背面各节有褐斑 4 块，背部 2 块，气门前方上、下各有褐斑 1 块。**蛹**：长 12 ~ 14 毫米，橙黄色。尾部突起中间凹入分为两叉，臀棘 8 根，均分别着生于两叉突起上，中间两根略长。**茧**：椭圆形，以丝粘细土筑成，外粘有土粒和小石粒，内壁光滑，灰白色。

生物学特性：一年发生 1 ~ 4 代，均以各代老熟幼虫于土茧中越冬。以第 1 代幼虫危害最重，第 2 代次之。各代成虫出现期分别为 4 月下旬 ~ 6 月下旬、7 月中旬 ~ 8 月下旬、8 月下旬 ~ 9 月中旬和 9 月下旬 ~ 10 月上旬。各代幼虫危害期分别为 4 月底 ~ 7 月下旬、7 月下旬 ~ 9 月上旬、8 月下旬 ~ 10 月中旬和 9 月下旬 ~ 11 月上旬。初羽成虫钻出土茧后爬行，翅完全展开后方停息不动。成虫羽化后，需群集飞往板栗、麻栎林中进行补充营养，群集吸蜜，形成成虫聚集地。竹螟成虫有强趋光性，以黑光灯、荧光灯最敏感。卵以块状产于新竹梢头嫩叶背面，每个卵块有卵 7 ~ 48 粒。初孵幼虫爬出卵壳爬行或吐丝转移至嫩叶上、吐丝卷叶结苞或叶丝缠紧新抽出的喇叭叶爬入，取食嫩叶上表皮，每虫苞有幼虫 2 ~ 24 条。幼虫蜕皮后，钻出虫苞分散转移，幼虫有 7、8 龄，以末龄幼虫食叶量大，幼虫老熟后，于夜间吐丝下垂落地，入土 3 ~ 4 厘米深结茧。

危害寄主：毛竹、甜竹、刚竹、淡竹、粉箪竹、青皮竹、撑篙竹等多种竹种。

危害症状：初孵幼虫爬行或吐丝转移至嫩叶上，吐丝卷叶结苞或叶丝缠紧新抽出的喇叭叶爬入，取食嫩叶上表皮。每次换苞时幼虫就要向竹下转移，还要吐丝飞飘，转移到附近竹上或老竹上结苞取食。竹叶被食尽，远看一片枯白，竹竿下部数节积水而死。被害竹林下年度出笋减少，新竹眉围下降。

防治方法：① **人工防治**：加强抚育管理，入年竹山秋冬挖山，可击毙幼虫或土茧，为蜘蛛、蚂蚁提供食料。② **诱杀**：成虫发生期，应用黑光灯等光源诱杀。③ **生物防治**：卵期释放赤眼蜂，每公顷 120 万头。④ **化学防治**：a. 幼虫发生初期，使用 40％乐果乳油 50 ~ 100 倍液，或 20％速灭杀丁乳油 100 ~ 150 倍液进行竹腔注射，每株 1 ~ 1.5 毫升。b. 使用 80％敌敌畏乳油 1000 ~ 1500 倍液进行喷雾防治。

被竹织叶野螟危害的竹叶

棉卷叶野螟 （中文别名：棉大卷叶螟、棉卷叶螟、棉大卷叶虫）

Sylepta derogata Fabricius

棉卷叶野螟成虫

　　成虫：全身黄白色，有闪光。胸背有12个黑褐色小点，列成4排，每1排中有1毛块。雄蛾尾端基部有一黑色横纹，雌蛾的黑色横纹则在第8腹节的后缘。前后翅的外缘线、亚外缘线、外横线、内横线均为褐色波状纹，前翅中央接近前缘处有似"OR"形的褐色斑纹，为其明显的特征。**卵：**椭圆形，略扁，起初呈乳白色，以后变为淡绿色。**老熟幼虫：**全身青绿色，老熟时变为桃红色。**蛹：**呈竹笋状，红棕色，从腹部第9节到尾端有刺状突起。

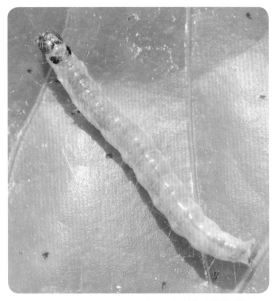

棉卷叶野螟幼虫

生物学特性：一年发生5～6代。成虫羽化后第2天产卵。卵期1天，成虫寿命3～4天。幼虫6龄，历期约10～11天。蛹期6天。5月中、下旬可见幼虫危害，6月下旬出现成虫，7月上、中旬为发生高峰期，9月中旬以后逐渐减少。老熟幼虫于卷叶虫苞内化蛹。以老熟幼虫在落叶、树洞、缝隙等处越冬。初孵幼虫群集在叶背取食叶肉，3龄后分散为害，常将叶片卷成筒状，在其内取食。

危害寄主：朱瑾、木棉、大花秋葵、蜀葵、女贞、海棠、绣球、悬铃花、吊灯花、木芙蓉、木槿、梧桐等花木。

危害症状：幼虫常把叶片卷成圆筒状的虫苞，隐匿其中危害叶片。轻者使花木失去观赏价值，重者将叶片吃光，致使植株枯萎。广州以朱瑾和垂花悬铃花受害最为严重。

防治方法：① **人工防治**：a．小面积发生时用人工摘除虫苞，用手捏杀或用木板夹死幼虫和蛹。b．将寄主附近可以隐藏幼虫的枯枝落叶清扫销毁，消灭越冬幼虫。② **诱杀**：利用该虫的趋光习性，用黑光灯或诱杀器诱杀成虫。③ **生物防治**：该虫天敌有寄生于幼虫体内的螟蛉绒茧蜂，幼虫到蛹期有广黑点瘤姬蜂和玉米螟大腿小蜂。此外，还有螳蛉、螳螂、草蛉、小花蝽、蜘蛛等，对该虫的发生均有一定的抑制作用，应加以保护。④ **化学防治**：使用80%敌敌畏乳油、或90%敌百虫晶体、或25%灭幼脲Ⅲ号、或50%辛硫磷乳油、或10%吡虫啉可湿性粉剂1000～2000倍液进行喷雾防治，每隔1周左右喷洒药剂1次，连续2～3次，可以收到好的效果。

棉卷叶野螟的寄主植物

绿翅绢野螟 （中文别名：绿翅绢螟）

Diaphania angustalis (Snellen)

绿翅绢野螟成虫

成虫：体长约20毫米，翅展37～40毫米。触角细长丝状，基部嫩绿色，其他各节浅绿至淡白。胸部背面嫩绿色，腹面略白。腹部除末节棕色外其余各节嫩绿色。双翅嫩绿色，前翅狭长，中室端脉有一小黑点，中室内另有一较小的黑点，前缘淡棕色，外缘缘毛深棕，后缘缘毛浅绿；后翅1中室有一黑斑，前缘及后缘线白，缘毛深棕。**幼虫：**老熟幼虫体长约30毫米，淡绿色，腹部背面从第1至第7节，每节具由四个斑点组成的四方斑，其余各节背面为二个斑点组成的横斑，亚背线下方每节也有一个近椭圆形斑。**蛹：**红褐色，长约20毫米，尖梭形，腹末有八根毛钩。

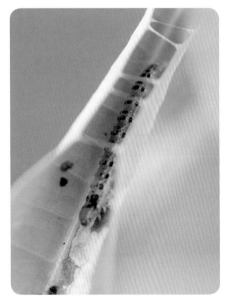

绿翅绢野螟幼虫

被绿翅绢野螟危害的盆架子

生物学特性：一年发生 5 ~ 6 代，以高龄幼虫或蛹越冬。每年 4 月开始出现第一代幼虫，第二代幼虫于 5 月下旬至 6 月上旬羽化，此后每月约发生一代。成虫有趋光性，白天静伏在叶片上，夜间交配产卵，多在 22 时以后活动。10 月下旬，老熟幼虫常缀 2 ~ 3 片叶形成虫苞，或在其中化蛹越冬。

危害寄主：盆架子、糖胶树、栎类等植物。

危害症状：幼虫吃盆架子树叶，严重时把所有树叶吃光，影响木树的观赏价值及长势甚至引起死亡。该虫在每年的 5 ~ 7 月份为害最严重。雌虫选择糖胶树萌发嫩枝、嫩叶较多的树产卵。幼虫吐丝纵卷叶片，隐蔽其中取食叶肉，常使枝叶枯黄，造成落叶。叶肉食尽后，幼虫转移为害新叶片。

防治方法：① **人工防治**：绿翅绢野螟 2 ~ 4 代为防治的关键世代，开春后应 5 ~ 10 天定期检查 1 次，及时摘除虫苞。② **林业措施**：定期进行疏枝修剪，施肥壮树。③ **诱杀**：利用该虫趋光习性用黑光灯或其它光源诱捕成虫。④ **化学防治**：a. 使用 80% 敌敌畏乳油、或 90% 敌百虫晶体、或 25% 灭幼脲Ⅲ号、或 50% 辛硫磷乳油、或 10% 吡虫啉可湿性粉剂 1000 ~ 2000 倍液进行喷雾防治，每隔 1 周左右喷洒药剂 1 次，连续 2 ~ 3 次，可以收到好的效果。b. 注射防治。树基部钻洞，注入药剂，施药量为每株 2 ~ 10 毫升原液。选用的药剂为 40% 氧化乐果乳油与 80% 敌敌畏乳油按 1：1 混合。

双点绢野螟 （中文别名：双点绢螟）
Diaphania bivitralis (Guenee)

双点绢野螟成虫

双点绢野螟成虫

成虫：翅展 27～28 毫米。栗黄色。下唇须下侧白色，其余皆栗黄色。下颚须栗黄色。腹部两侧于腹面白色。前翅栗黄，翅内缘基部有一白色横带、一黑色斜内横线与一半透明梨形斜中斑，中室内及中室端脉有两个斑点；后翅白色有闪光，边缘有一条栗色宽带，缘毛褐色。雄蛾尾部有黑色毛丛。

双点绢野螟幼虫

生物学特性：一年发生多代。以幼虫在树皮缝、枯落物下及土缝中结茧越冬。翌年 5 月萌芽后开始取食为害，成虫有趋光性，将卵产于新梢叶背。初孵幼虫有群集性，喜群居啃食叶肉，3 龄后分散缀叶呈饺子状虫苞或叶筒栖息取食。幼虫活泼，遇惊扰即弹跳逃跑或吐丝下垂，老熟后在叶卷内结薄茧化蛹。10 月底老熟幼虫进入越冬期。

危害寄主：高山榕、榕树、印度橡胶树等植物。

危害症状：幼虫吐丝黏结卷起的叶片，然后藏身在内取食叶片。轻者影响正常生长，重者叶枯脱落，造成光秃枝，致幼株死亡。

防治方法：① **人工防治**：绿翅绢野螟 2 ~ 4 代为防治的关键世代，开春后应 5 ~ 10 天定期检查 1 次，及时摘除虫苞。② **林业措施**：定期进行疏枝修剪，施肥壮树。③ **诱杀**：利用该虫趋光习性用黑光灯或其它光源诱捕成虫。④ **化学防治**：使用 80% 敌敌畏乳油、或 90% 敌百虫晶体、或 25% 灭幼脲Ⅲ号、或 50% 辛硫磷乳油、或 10% 吡虫啉可湿性粉剂 1000 ~ 2000 倍液进行喷雾防治，每隔 1 周左右喷洒药剂 1 次，连续 2 ~ 3 次，可以收到好的效果。

被双点绢野螟危害的高山榕

黄野螟
Heortia vitessoides Moore

黄野螟成虫

黄野螟成虫

成虫：体长 10 ~ 14 毫米，翅展 35 ~ 40 毫米。头淡黄色，触角、复眼黑色。前翅淡黄色，近基部有 2 个圆形黑斑。内横线黑色，不连续；中横线呈黑色宽带；外缘线黑色，具绒毛。后翅外缘外缘线黑色、具绒毛，其余部分为白色半透明。腹部 6 节，基部各节背面具有环状黑色横条纹。**卵**：扁圆形，直径 0.8 毫米，黄色或红色。块状呈鱼鳞状排列。**幼虫**：体长 1.2 ~ 28 毫米。胸、腹部各节背板两侧各有明显的黑斑。老熟幼虫头部红褐色，体黄绿色。**蛹**：椭圆形。体长 13 ~ 14 毫米。淡黄色至红褐色。腹部末端有 4 根臀刺。**茧**：椭圆形，灰白色。

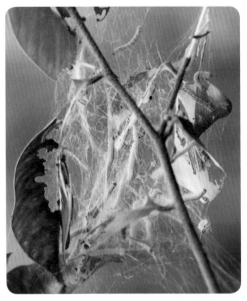

黄野螟幼虫

生物学特性：一年发生 8 代，4 ～ 12 月为危害期，12 月中下旬以蛹在树干周围枯枝落叶和土层中做蛹室越冬。翌年 4 月下旬出现第 1 代幼虫，5 月下旬～ 6 月上旬为第 1 代成虫羽化盛期；第 2 代开始出现世代重叠现象，各代历时约 1 个月，至 12 月中旬第八代幼虫开始化蛹越冬。成虫昼伏夜出，有强趋光性。日间多静伏在叶片背面、飞翔能力较弱。卵多产于幼嫩叶片背面主脉两侧，靠近叶尖处。每个卵块形状各异。幼虫啃食叶片形成缺刻。1 ～ 3 龄幼虫具群集习性，3 龄以后分散危害。幼虫老熟后吐丝结一丝幕，使叶片呈卷曲状，幼虫隐于丝幕下。化蛹前直接坠地，结蛹室化蛹。

危害寄主：黄野螟是典型的寡食性害虫，仅取食沉香属和漆树属等少数几种植物。土沉香（白木香）是黄野螟的专一寄主植物。

危害症状：黄野螟发生严重时，土沉香的被害株率可高达 90% 以上。叶片受害后叶片失水导致整叶枯黄或形成缺刻。幼虫老熟后，吐丝结一丝幕，使叶片呈卷曲状。

防治方法：① **人工防治**：林地翻土可杀蛹。② **诱杀**：利用该虫趋光习性用黑光灯或其它光源诱捕成虫。③ **生物防治**：使用 1.8% 阿维菌素乳油 2000 ～ 3000 倍液进行喷雾防治。④ **化学防治**：使用 80% 敌敌畏乳油、或 90% 敌百虫晶体、或 25% 灭幼脲Ⅲ号 1000 ～ 2000 倍液进行喷雾防治。

被黄野螟危害的土沉香

橙黑纹野螟

Tyspanodes striata (Butler)

橙黑纹野螟成虫

成虫：翅展 26 ~ 31 毫米。头部淡黄色，头顶杏黄色。触角细长，暗灰色至银灰色有闪光。下唇须细丝状，淡黄色。下颚须第 1 节暗灰色，第 2 节末端淡黄色，第 3 节淡黄色。胸部领片及翅基片橙黄色，腹部背面基部橙黄色，端部各节略灰黑色，末节灰白色。前翅深橙黄，基部有 1 个黑点，中室有 2 个黑点，各翅脉间有黑色纵条纹，沿翅后缘的一条中断分为 2 条，缘毛黑色。后翅橙黄，色泽比前翅浅，外缘黑色，缘毛黑色。

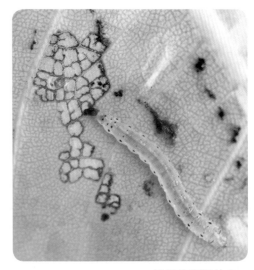

橙黑纹野螟幼虫

生物学特性：一年发生多代，以茧蛹在枯枝落叶下或表土中越冬。每年 5 月中旬越冬代成虫开始羽化，幼虫分别于 6 月上、中旬，7 月中、下旬，8 月下旬至 9 月上旬为害美丽异木棉，老熟后分散于地被物下或表土层中结茧化蛹。

危害寄主：美丽异木棉等植物。

危害症状：幼虫喜在嫩叶上吐丝缀叶危害，幼虫吐丝黏结不同叶片，然后在 2 个叶片间取食叶肉组织，造成叶片大量枯死。

防治方法：① **人工防治**：林地翻土可杀蛹。② **诱杀**：利用该虫趋光习性用黑光灯或其它光源诱捕成虫。③ **生物防治**：使用 1.8% 阿维菌素乳油 2000 ~ 3000 倍液进行喷雾防治。④ **化学防治**：使用 80% 敌敌畏乳油、或 90% 敌百虫晶体、或 25% 灭幼脲Ⅲ号 1000 ~ 2000 倍液进行喷雾防治。

橙黑纹野螟的寄主植物

柚木野螟

Pyransta machaeralis Walker

柚木野螟成虫

鳞翅目
Lepidoptera

螟蛾科
Pyralidae

　　成虫：成虫体长 10 ~ 12 毫米，翅展 20 ~ 25 毫米。触角丝状，复眼黑色。前翅浅黄色，具红色波状纹；翅缘红褐色，缘毛浅黄色间有红褐色纵带。胸背部浅黄褐色。腹部背面浅黄色，腹面灰白色。**卵：**扁椭圆形，乳白色，边缘不规则，表面具网状花网。成块排列，呈鱼鳞状。**幼虫：**头部具分散小黑点。体绿色。前胸盾黄褐色，具不规则黑斑，中、后胸背部每节具二黑色刚毛瘤。腹节背面每节具 4 个黑色刚毛瘤。气门椭圆形，淡绿色。**蛹：**初化蛹背面红褐色、腹面淡绿色，近羽化时呈红褐色，复眼黑色。臀棘明显，棒状末端膨大，具 4 长 4 短针钩。

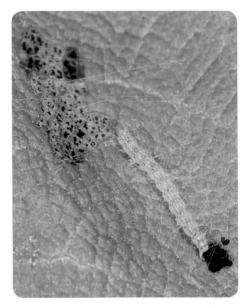

柚木野螟幼虫

生物学特性：一年发生 11 ～ 12 代，无越冬、冬蛰现象。林间 5 至 9 月世代重叠现象明显。虫口高峰期出现在 7、8 月份。完成 1 世代需要 22 ～ 37 天，其中卵期 2 ～ 3 天，幼虫期 10 ～ 14 天，蛹期 7 ～ 8 天。幼虫五龄。幼虫多于清晨孵化，一至二龄幼虫喜在叶背面叶脉旁吐丝结成疏网，于网下取食叶表层组织。三龄开始转到叶正面，吐丝结网在网下取食叶脉间组织。幼虫于身体后面将树叶咬一圆形"逃跑孔"，遇惊扰则迅速后退，穿过此孔至叶另一面或吐丝下垂逃跑。网下食物吃完后，转移它处继续结网为害。成虫白天栖息于林内地被物杂草上，卵多散产于叶背。成虫有一定趋光性。

危害寄主：柚木、大叶紫珠、裸花紫珠。

危害症状：幼虫喜在叶上吐丝缀叶为害，受害叶面上形成大块灰褐色斑块，发生严重时叶片表层组织被食光，枝梢变成"秃梢"。

防治方法：① **林业措施**：因地制宜的选择较抗虫品种栽培。加强栽培管理，增强树势，提高植株抵抗力。及时清理落叶等废弃物，集中烧毁，深翻土壤，减少虫害。② **生物防治**：保护和利用天敌昆虫，卵期释放赤眼蜂。③ **诱杀**：利用成虫的趋光性，用黑光灯诱杀。④ **化学防治**：卵孵化后喷洒杀虫剂 90% 美曲膦酯晶体 1500 倍液，发生严重时，喷洒 80% 敌敌畏乳油 2000 倍液。⑤ **生物农药防治**：在幼虫发生期，使用 1.8% 阿维菌素乳油 3000 倍液，或 0.5% 甲维盐 3000 倍液进行喷雾防治，效果较好。

◀ 柚木野螟为害的叶片

▼ 柚木野螟危害的柚木树

微红梢斑螟 （中文别名：松梢螟、松干螟、钻心虫）
Dioryctria rubella Hampson

微红梢斑螟成虫

微红梢斑螟成虫

鳞翅目
Lepidoptera

螟蛾科
Pyralidae

　　成虫：雌虫体长 10 ~ 16 毫米，翅展 26 ~ 30 毫米；雄虫略小，灰褐色。触角丝状，雄虫触角有细毛，基部有鳞片状突起。前翅灰褐色，有 3 条灰白色波状横带，中室有 1 个灰白色肾形斑，后缘近内横线内侧有 1 个黄斑，外缘黑色。后翅灰白色。**卵：**椭圆形，长约 0.8 毫米，一端尖，黄白色至樱红色，有光泽。**幼虫：**老熟幼虫体长平均 20.6 毫米，体淡褐色或淡绿色。头、前胸背板褐色，中、后胸及腹部各节有 4 对褐色毛片。**蛹：**体长 11 ~ 15 毫米，宽约 3 毫米。黄褐色至黑褐色，腹部末端有 1 块深色的横骨化狭条，其上着生 3 对钩状臀棘。

微红梢斑螟幼虫

生物学特性：一年发生 4 ～ 5 代，以幼虫在被害梢内越冬。翌年 4 月初越冬幼虫开始活动，5 月中旬开始化蛹，6 月上中旬羽化成虫。下半年受树种、危害部位（主梢、侧梢或球果）等因素影响，其生活史极不整齐，有世代重叠现象，至 11 月上旬幼虫开始越冬。成虫白天静伏于梢头的针叶基部，傍晚活动，有趋光性。卵散产在叶鞘基部或枯黄针叶基部。初龄幼虫在嫩梢表面和韧皮部之间取食，3 龄以后蛀入木质部髓心。幼虫不仅危害新梢，也危害球果。该虫一般对 6 ～ 10 年生幼龄林被害最重，尤其是对郁闭度较小，林地条件差，生长不良的林分，危害更重。

危害寄主：湿地松、马尾松、火炬松、加勒比松、黑松、油松等松属植物。

危害症状：是松树的重要枝梢害虫。幼虫危害主梢和侧梢。主梢被害后引起侧梢的丛生，使树冠形成畸形，不能成材。幼虫危害球果影响种子产量。

防治方法：① **林业措施**：a．加强抚育管理，幼林提早郁闭，可减轻危害。b．受害严重的幼林，在冬季可剪除被害梢，集中烧毁，消灭越冬幼虫。② **诱杀**：利用成虫的趋光性，用黑光灯诱杀。③ **化学防治**：a．受害严重的中幼林，在幼虫危害期间，喷 40% 乐果乳油、或 50% 辛硫磷乳油 1000 ～ 1500 倍液。b．成虫出现期，每隔 10 ～ 20 天喷一次 40% 氧化乐果乳油 1500 ～ 2000 倍液。

被微红梢斑螟危害的湿地松

栗叶瘤丛螟

（中文别名：樟巢螟、樟叶瘤丛螟、樟丛螟）

Orthaga achatina Butler

成虫：翅展 23 ～ 30 毫米。头部淡黑褐色。触角黑褐色。下唇须黑褐色向上伸，末端尖锐。胸腹部背面淡褐色。前翅基部暗黑褐色，前翅前缘中部有一黑点，中室内外各有一黑点，外缘暗黑褐色，缘毛褐色，基部有一排黑点，后翅暗褐色，缘毛褐色，基部有一排黑点。**卵：**椭圆形，略扁平，黄褐色，集中排列成鱼鳞状。

幼虫：老熟幼虫长 20 ～ 23 毫米，棕黑色，中胸至腹末背面有 1 条灰黄色宽带，气门上线灰黄色，各节有黑色瘤点。**茧：**扁椭圆形，土黄色或土褐色。长 8 ～ 14 毫米，宽 4 ～ 10 毫米。

蛹：棕褐色，菱形，体长 10 ～ 15 毫米，腹末尖，具钩状臀刺。

栗叶瘤丛螟幼虫

生物学特性：一年发生2代，以蛹越冬。第1代整齐，第2代有少数出现世代重叠现象。翌年5月中旬始见成虫。7、8月幼虫和成虫同时出现。9月中旬，幼虫老熟后松土层内结茧越冬。成虫具有趋光性，夜出活动。卵多产于缀叶内或叶背边缘，呈鱼鳞状排列。2～3龄幼虫边食边吐丝将叶片、枝条和虫粪卷结成10～20厘米大小不等的虫巢。同一巢穴内虫龄相差很大，每巢穴有幼虫2～20头，幼虫在虫道内栖息，白天不动，傍晚取食，当巢边叶片食完后，则另找新叶建巢穴。

危害寄主：樟树、阴香、栗、小胡椒等植物。是樟树上的重要害虫。

危害症状：幼虫常将新梢枝叶缀结在一起，连同丝、粪粘成一团，取食叶片危害，似鸟巢状。虫害发生严重时可将樟树的叶片吃光，严重影响樟树的生长。

防治方法：① **人工防治**：小树及大树的下部，采用工人摘除虫叶、虫巢，集中烧毁。② **诱杀**：利用成虫的趋光性，用黑光灯或其它光源诱杀。③ **生物防治**：傍晚喷苏云金杆菌（Bt）可湿性粉剂500～800倍液。④ **化学防治**：幼虫期使用80%敌敌畏乳油1000～2000倍液进行喷雾防治。

◀ 栗叶瘤丛螟幼虫建筑的巢穴

▼ 被栗叶瘤丛螟危害的樟树

橙带蓝尺蛾 （中文别名：松金光尺蠖）

Milionia basalis Walker

橙带蓝尺蛾成虫

成虫：展翅 54 ~ 59 毫米。成虫体色与翅底色均为黑色，局部小区域具强烈的蓝色金属光斑。翅面蓝黑色具金属光泽，上、下翅具鲜明的橙色带状斑纹。前翅中央及后翅下缘有一条宽型的橙带，后翅近外缘有 5 枚黑色圆形斑点排列，蓝、橙对比十分鲜明。白天出现外观像蝶，习性敏感。雌雄差异较不明显。**幼虫**：体背黑色具白色格子状斑纹，腹侧有橙黄色的纵斑。**卵**：刚产下的卵绿色。

橙带蓝尺蛾幼虫

生物学特性：成虫出现于 5 ～ 9 月，生活在平地与低海拔山区，昼行性。雌虫在枝干的基部缝里产卵。幼虫寄主植物为各种罗汉松，局部地区植栽园偶尔发生严重受害情形。

危害寄主：罗汉松、竹柏、海南蒲桃等植物。

危害症状：该虫害发生时，将寄主植物的叶片取食殆尽，只剩光秃的枝干。

防治方法：① **人工防治**：成虫飞行缓慢，成虫常常围着罗汉松周围飞翔，飞离罗汉松后不久又会飞回来，可进行人工捕杀。② **生物防治**：使用 1.8% 阿维菌素乳油 2000 ～ 3000 倍液进行喷雾防治。③ **化学防治**：使用 25% 灭幼脲 Ⅲ 号悬浮剂、或 10% 吡虫啉可湿性粉剂 1000 ～ 1500 倍液进行喷雾防治。

◀ 橙带蓝尺蛾蛹

▼ 被橙带蓝尺蛾危害的罗汉松

油桐尺蛾 （中文别名：油桐尺蠖、大尺蠖、大尺蛾、拱背虫、桉尺蠖、量步虫）

Buzura suppressaria (Guenee)

油桐尺蛾成虫

成虫：雌蛾体长约23毫米，翅展52毫米。触角丝状，黄褐色。翅上密布灰黑色小点，基线、中线亚外缘线为黄褐色波状纹，有时不明显，翅反面灰白色，中央有1个黑色斑点。腹部肥大，末端具黄色毛丛。雄蛾与雌蛾大致相同，体长约17毫米，翅展约56毫米。触角双栉齿状，腹部瘦小。**卵**：椭圆形，鲜绿或淡黄色。长约0.7毫米。**幼虫**：体长2～65毫米，体色有灰褐、青绿等。头部密布棕色颗粒状小点，头顶中央凹陷，两侧呈角状突起。前胸背板有2个小突起，第8节背面微突，气门紫红色。**蛹**：长19～27毫米，近圆锥形，深褐色，头顶有角状小突起1对，腹末基部有2个突起，臀刺明显，端部针状。

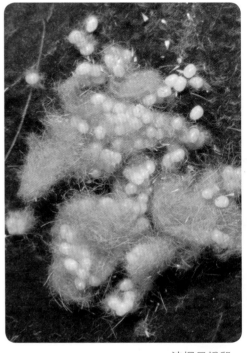

油桐尺蛾卵

生物学特性：一年 3 ～ 4 代，以蛹在松土中越冬。翌年 4 月下旬越冬代成虫开始羽化。第 1 代幼虫发生在 5 ～ 6 月；第 2 代幼虫发生期在 7 ～ 8 月；第 3 代幼虫发生期在 9 ～ 10 月，于 11 月上中旬化蛹越冬。全年以第 1 代危害最为严重。成虫白天静伏，晚上活动。卵多产于寄主叶背、树干裂缝及粗皮处。1 ～ 3 龄幼虫取食桉树叶片为缺刻状，3 龄后食量较大，常将桉树全叶吃光，静止时成桥状。老熟幼虫多数入土化蛹，少数在树干和枝杈化蛹。

危害寄主：桉树、相思树、油桐、紫荆、油茶、乌桕、扁柏、松、杉木、柿、板栗等多种树种。

危害症状：在一些地区已成为速生桉主要害虫，可在短期内将大片速生桉树叶吃光，形似火烧，严重影响树势生长。

防治方法： ① **人工防治：** a. 发生严重的林地于各代蛹期进行人工挖蛹。b. 振落幼虫于地面集中杀灭。c. 成虫盛发期后，人工刮除卵块。② **诱杀：**成虫发生盛期点灯诱杀成虫，灯下放大水盆，加水后滴入几滴柴油。③ **生物防治：** a. 油桐尺蛾在高密度林地易发生流行性核型多角体病毒，林地收集病虫人工感染增殖病虫。将虫尸捣烂加水稀释后用双层纱布过滤后在林地喷洒，防治效果好又节省经费。b. 1.8% 苏云金杆菌可湿性粉剂 1000 ～ 2000 倍液进行喷雾防治。c. 早春低温高湿时释放白僵菌。④ **化学防治：** a. 幼虫 2 ～ 3 龄时，使用 25% 灭幼脲可湿性粉剂、或 20% 氰戊菊酯乳油 1000 ～ 2000 倍液进行喷雾防治。b. 用森得保粉剂喷粉，喷粉每亩用药量 0.75 ～ 1.0 千克。

◀ 油桐尺蛾蛹

▼ 油桐尺蛾幼虫

大钩翅尺蛾 （中文别名：柑橘尺蛾、缺口褐尺蛾）

Hyposidra talaca (Walker)

大钩翅尺蛾成虫

　　成虫： 雌蛾体长 14 毫米，翅展 47.2 毫米。雄蛾体长 12.5 毫米，翅展 32.5 毫米。体、翅深灰褐色。头部深灰褐色；下唇须不上伸；额部无毛簇；复眼圆大；雌蛾触角丝状，雄蛾触角双栉形。前、后翅均有 2 条赤褐色波状线从前缘伸向后缘，波状线内侧有赤褐色斑纹与波状线依存，前翅外缘有弧形内凹。**幼虫：** 大钩翅尺蛾幼虫第 2 至第 7 腹节各有一条点状白色横线。胸足 3 对，第 6 腹节腹足 1 对和尾足 1 对。

　　在柑园中，大钩翅尺蛾幼虫常被误为大造桥虫幼虫。其不同之处是，大造桥虫幼虫第二腹节背面有一对锥状的棕黄色较大瘤凸，第八腹节背面同样有一对较小的瘤凸，大钩翅尺蛾幼虫则无。但大钩翅尺蛾幼虫第 2 至第 7 腹节各有一条点状白色横线。胸足 3 对，第 6 腹节腹足 1 对和尾足 1 对。

生物学特性：一年发生 3 ～ 4 代，以蛹在地下越冬。成虫飞翔能力较强，中等趋光性。成虫白天停息在枝干、羽叶背面或地被物上。卵堆产，多产在嫩梢或叶上，个别产在树皮裂缝里。

危害寄主：桉树、秋枫、柑橘、荔枝、龙眼、黑荆树等植物。

危害症状：初龄幼虫啃食嫩叶叶肉，残留外表皮，使受害叶呈透明状；2 龄幼虫后食叶呈缺刻状，大龄幼虫喜从叶缘始蚕食叶片，可将整叶、全树叶片食尽。

防治方法：① **人工防治**：a．在发生严重的林地进行人工挖蛹。b．成虫盛发期后，人工刮除卵块。② **诱杀**：成虫发生盛期点灯诱杀成虫，灯下放大水盆，加水后滴入几滴柴油。③ **生物防治**：a．1.8% 苏云金杆菌可湿性粉剂 1000 ～ 2000 倍液进行喷雾防治。b．早春低温高湿时释放白僵菌。④ **化学防治**：a．幼虫 2 ～ 3 龄时，使用 25% 灭幼脲可湿性粉剂、或 20% 氰戊菊酯乳油 1000 ～ 2000 倍液进行喷雾防治。b．使用森得保粉剂喷粉，喷粉每亩用药量 0.75 ～ 1.0 千克。

◀ 大钩翅尺蛾蛹

▼ 大钩翅尺蛾幼虫

大造桥虫 （中文别名：棉大造桥、尺蠖、步曲）

Ascotis selenaria Denis *et* Schaffmuller

鳞翅目
Lepidoptera

尺蛾科
Geometridae

大造桥虫成虫

成虫：体长 14 ～ 17 毫米，翅展 36 ～ 45 毫米。体色变异很大，一般浅灰褐色，散布有黑褐及淡色鳞片。复眼大，圆形。前翅后缘平直，后翅外缘弧形波曲。触角较细长，雄蛾触角暗灰色或淡黄色，羽毛状；雌蛾触角暗灰色。前翅翅顶灰白色，内侧为黑色或黑褐色。**卵**：长 0.7 毫米，宽 0.3 毫米，青绿色至黑褐色，有深黑色及灰白斑纹。**幼虫**：成熟幼虫体长约 38 ～ 49 毫米，体表光滑，体色变化较大，由黄绿色变为青白色，头褐绿色，头顶两侧有 1 对黑点，背线淡青色或青绿色。腹部第 3、4 节上具有黑褐色斑，第 2 腹节背面有 1 对较大的棕黄色瘤突，第 8 腹节背面同样有 1 对略小的瘤突。**蛹**：长 14 ～ 19 毫米，黄褐色至深褐色，臀棘末端着生 2 个小刺。

生物学特性：一年发生 5～6 代，以蛹在土中越冬。翌年 4 月上旬至下旬羽化为成虫，第 1 代幼虫于 4 月下旬至 5 月中旬孵出，越冬代幼虫 10 月中旬至下旬出现。成虫白天静伏在隐蔽处或植物枝叶间，有一定飞翔力，趋光性强，夜出活动。卵产于枝丫，叶背或树皮缝隙内，成块状，上被绒毛。初孵幼虫有群集性，2 龄幼虫以后取食全叶，或呈缺刻或整叶吃光。

危害寄主：桉树、秋枫、樟树、黄花铁刀木、龙眼、荔枝、扁桃、茶、木槿、黄檀、柑橘等多种植物或作物。

危害症状：初孵幼虫啃食嫩叶叶肉，使叶片呈半透明状，大龄幼虫嚼食使叶片成缺刻，常吃光整叶、全树叶片，也取食花蕾、花瓣，造成植株残缺不全，轻则影响林木生长以及花卉植物观赏。

防治方法：① **人工防治**：a. 在发生严重的林地进行人工挖蛹。b. 成虫盛发期后，人工刮除卵块。② **诱杀**：成虫发生盛期点灯诱杀成虫，灯下放大水盆，加水后滴入几滴柴油。③ **生物防治**：a. 1.8%苏云金杆菌可湿性粉剂 1000～2000 倍液进行喷雾防治。b. 早春低温高湿时释放白僵菌。④ **化学防治**：a. 幼虫 2～3 龄时，使用 25% 灭幼脲可湿性粉剂、或 20% 氰戊菊酯乳油 1000～2000 倍液进行喷雾防治。b. 使用森得保粉剂喷粉，喷粉每亩用药量 0.75～1.0 千克。

大造桥虫幼虫

南方散点尺蛾 （中文别名：棉大造桥、尺蠖、步曲）

Percnia luridaria meridionalis Wehrli

鳞翅目
Lepidoptera

尺蛾科
Geometridae

南方散点尺蛾成虫

成虫：体长 15 ~ 18 毫米，翅展 18 ~ 45 毫米。粉白色。雄蛾触角锯齿状，具纤毛簇。前胸背部覆被灰白色长毛，左右各具 3 个黑的小圆斑，前排 1 个，后排 2 个。翅粉白色，翅面散生很多灰褐色鳞片，具翅缰。前翅前缘颜色略深，灰褐色；翅基具 2 个黑点，其中 1 个不甚清晰；内横线位置上有 3 个浅灰黑色圆点，有些个体下面 1 ~ 2 个不清晰；中室上端有 1 个较大的灰黑色圆点；外横线位置上有 3 ~ 6 个浅灰黑色圆点，都各在一翅脉上；亚外缘线位置上有 8 个灰黑色圆点，都各位于二翅脉间；外缘线位置上有 8 个灰黑圆点，也位于翅脉间，略小，有时呈半圆形；缘毛较长，灰白色；前翅泡窝透明，2A 基叉上缘形成骨化的褶。后翅的色泽、斑纹基本上与前翅相同，仅内横线位置上 3 个浅灰褐色圆点中，上面 1 ~ 2 个不清晰，中室上端的褐色圆点略小，颜色较浅；后翅基部 Sc+R$_1$ 脉与中室上缘之间形成囊泡状。腹部灰白色，背中线两侧排列成对黑斑。

生物学特性：一年发生 2 代，以蛹在土中越冬，一般越冬代成虫羽化期为 5 月下旬～7 月下旬，第 1 代成虫羽化期为 7 月下旬～9 月中旬，成虫昼伏夜出，有趋光性。刚孵幼虫群集危害稍大分散危害。

危害寄主：桉树、女贞、丁香等。

危害症状：1 龄幼虫啃食叶肉，残留表皮，使受害叶呈透明状，2 龄幼虫后食叶呈缺刻，大龄幼虫后喜从叶缘蚕食叶片。可造成数十公顷成片速丰桉林的叶片全被吃光，严重影响桉树材积生长。

防治方法：① **人工防治**：a．在发生严重的林地进行人工挖蛹。b．成虫盛发期后，人工刮除卵块。② **诱杀**：成虫发生盛期点灯诱杀成虫，灯下放大水盆，加水后滴入几滴柴油。③ **生物防治**：a．1.8% 苏云金杆菌可湿性粉剂 1000～2000 倍液进行喷雾防治。b．早春低温高湿时释放白僵菌。④ **化学防治**：a．幼虫 2～3 龄时，使用 25% 灭幼脲可湿性粉剂、或 20% 氰戊菊酯乳油 1000～2000 倍液进行喷雾防治。b．使用森得保粉剂喷粉，喷粉每亩用药量 0.75～1.0 千克。

南方散点尺蛾成虫

豹尺蛾 （中文别名：豹尺蠖，褐豹尺蠖）

Dysphania militaris (Linnaeus)

鳞翅目
Lepidoptera

尺蛾科
Geometridae

豹尺蛾成虫

成虫：翅展 72 ～ 77 毫米。体杏黄色间紫蓝色斑纹。前翅外半部紫蓝色有两行粉灰点，呈半透明状态，内半部杏黄色，有"E"字形紫蓝纹；后翅杏黄间紫兰斑，中室及其下各一大圆斑分离。胸部杏黄色，节间横条紫蓝色。蛾子白天飞行，行动缓慢，有气味，鸟类不食。**幼虫：**黄色，被有规则的蓝黑色斑点，其中腹部背面除末节外，每节有一大一小两对斑点，体侧线斑点较密。**蛹：**灰棕色，头部有眼形斑。

豹尺蛾幼虫

生物学特性：一年发生3代，以蛹越冬。幼虫共6龄。主要危害竹节树。成虫白天活动，飞翔能力较强，行动敏捷。

危害寄主：竹节树（合顺树）、秋茄、油茶、马尾松、桃金娘、鸭脚木等植物。

危害症状：幼虫食叶成缺刻。虫害严重时大量食叶，影响植株生长发育。

防治方法：① **人工防治：**幼虫较少时可人工捕杀幼虫。蛾子白天飞行，行动缓慢，也可人工捕杀成虫。② **生物防治：**使用1.8%苏云金杆菌可湿性粉剂1000～2000倍液进行喷雾防治。③ **化学防治：**使用25%灭幼脲可湿性粉剂、或20%氰戊菊酯乳油1000～2000倍液进行喷雾防治。

◀ 豹尺蛾蛹

▼ 豹尺蛾危害的竹节树

刺尾尺蛾
Semiothisa emersaria (Walker)

刺尾尺蛾成虫

成虫：展翅 24 ~ 28 毫米，翅面灰褐色，前翅具中、外线平行的弧状纹；近中室附近向外突出，外突的下缘有 2 条黑褐色纵斑；顶角钩状，顶角至外缘附近内凹具黑色纹，亚端线呈宽型的暗色带，后翅具尖尾突。**幼虫**：各龄体色黄绿色，左右各有四枚小黑点，老熟幼虫黑色，腹背有四条白色纵纹。

刺尾尺蛾幼虫

生物学特性：一年发生代数不详，以蛹越冬。5月间成虫陆续羽化。第1代幼虫始见于5月上旬。幼虫危害盛期分别为5月下旬、7月中旬及其8月下旬到9月上旬。卵散产于叶片、叶柄和小枝上。幼虫孵化后，立即开始取食，幼龄时食叶呈网状，3龄后取食叶肉，仅留中脉。幼虫能吐丝下垂，随风扩散，或借助胸足喝对腹足作弓形运动。老熟幼虫已经完全丧失吐丝能力，能沿树干向下爬行，或直接掉落地面。

危害寄主：南洋楹、凤凰木等植物。

危害症状：幼虫取食叶片，常将叶片食尽，造成枝条上叶片大量减少，影响植物生长。影响市容和生态环境。

防治方法：① 1.人工防治：在发生严重的林地进行人工深翻挖蛹。② **诱杀**：成虫发生盛期点灯诱杀成虫，灯下放大水盆，加水后滴入几滴柴油。③ **生物防治**：a．使用1.8%苏云金杆菌可湿性粉剂1000～2000倍液进行喷雾防治。b．早春低温高湿时释放白僵菌。④ **化学防治**：幼虫2～3龄时，使用25%灭幼脲可湿性粉剂、或20%氰戊菊酯乳油1000～2000倍液进行喷雾防治。

刺尾尺蛾的寄主植物——凤凰木

渺樟翠尺蛾 （中文别名：樟翠尺蛾）

Thalassodes immissaria Walker

渺樟翠尺蛾成虫

成虫：体长 12 ～ 14 毫米，翅展 33 ～ 36 毫米。头灰黄色。额褐色。复眼黑色。触角灰黄色，雄蛾触角羽毛状，雌蛾触角丝状。胸、腹部背面翠绿色，两侧及腹面灰白色。翅翠绿色，布满白色细碎纹，翅反面灰白色，前翅前缘灰黄色，前、后翅各有白色横线 2 细条，较直，缘毛灰黄色。前足、中足胫节红褐色，其余灰白色，后足灰白色。**卵**：长圆形，长 0.4 ～ 0.6 毫米。初产卵草绿色，孵化前为灰褐色。**幼虫**：老熟幼虫体长 27 ～ 29 毫米，头黄绿色，头顶两侧呈角状隆起，头顶后缘有一个"八"字形沟纹，额区凹陷。胴部黄绿色，气门线淡黄色，稍明显，其他线纹不清晰。腹部末端尖锐，似锥状。气门淡黄色，胸足、腹足黄绿色。**蛹**：纺锤形，腹部稍尖，蛹长 15 ～ 17 毫米，灰白色或淡灰绿色，光滑，无刻点，触角、翅伸达第 4 腹节近后缘。臀棘具钩刺 8 枚。

生物学特性：一年发生4代，以幼虫在棱梢上过冬。翌年2月下旬越冬幼虫开始活动取食，3月下旬老熟幼虫吐丝缀叶化蛹，4月上旬成虫羽化，第1代幼虫4月中旬孵出。各代幼虫危害盛期：第1代5月中、下旬，第2代7月上、中旬，第3代9月中、下旬，第4代3月中、下旬。各世代有重叠现象。成虫多在夜间羽化。卵产于树皮裂缝、枝杈下部及叶背上，卵多散产。成虫自天多栖息于树冠枝、叶间。傍晚后飞翔活动。成虫具趋光性。幼虫6龄。1～2龄幼虫啃食叶肉、留下叶脉和下表皮，3龄食叶成孔洞或蹉刻，4龄后食量增大，取食全叶。幼虫老熟后吐丝将其附近樟叶缀织在一起，在缀叶中化蛹，化蛹前虫体由黄绿色转变为紫红色。

危害寄主：樟树、赤桉、荷木、秋枫、杧果、龙眼、荔枝、茶等多种植物。

危害症状：幼虫主要危害樟树、木荷、秋枫，也危害芒果、茶等植物。幼虫取食吃叶片，影响林木生长或果树产量。

防治方法：① **人工防治**：在发生严重的林地进行人工深翻挖蛹。② **诱杀**：成虫发生盛期点灯诱杀成虫，灯下放大水盆，加水后滴入几滴柴油。③ **生物防治**：a．1.8%苏云金杆菌可湿性粉剂1000～2000倍液进行喷雾防治。b．早春低温高湿时释放白僵菌。④ **化学防治**：幼虫2～3龄时，使用25%灭幼脲可湿性粉剂、或20%氰戊菊酯乳油1000～2000倍液进行喷雾防治。

◀ 渺樟翠尺蛾蛹

▼ 渺樟翠尺蛾幼虫

马尾松毛虫 （中文别名：狗毛虫，毛毛虫）
Dendrolimus punctata (Walker)

马尾松毛虫雄成虫

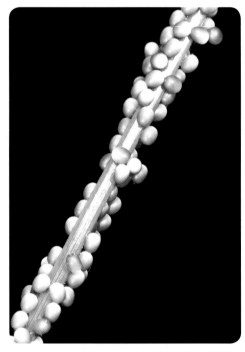

马尾松毛虫卵

成虫：体色变化很大，有灰白、灰褐、茶褐、黄褐等色。体长 18 ~ 29 毫米，翅展 36 ~ 57 毫米。雄蛾触角梳状；前翅横线色深，中室白斑显著，亚外缘黑斑内侧褐色。雌蛾触角短栉状；前翅中室白斑不明显，具 5 条深色横线。**卵：**椭圆形，长约 1.5 毫米，粉红色或淡紫、淡绿色。**幼虫：**6 龄，其体色、体形、毛束、毛丛随着龄期不同而异。体色大致有棕红色与灰黑色两种。头部黄褐色，中、后胸节背面有明显的黄黑色毒毛带。**蛹：**纺锤形，青绿色至棕色、棕褐色等。**茧：**长椭圆形，长 30 ~ 45 毫米，灰白色或淡黄褐色。

马尾松毛虫茧

生物学特性：一年发生3～4代，越冬代约需210～230天，其他各代约需80～100天。成虫有趋光性，卵多产于生长良好的林缘松树针叶上，呈串珠状或堆状。每头雌蛾可产卵数十至数百粒不等。

危害寄主：马尾松，湿地松，黄山松等松属植物。

危害症状：以幼虫取食松树针叶，1～2龄幼虫群集取食，3龄后分散危害，5～6龄食量最大。松树被害后，轻者造成材积生长下降，松脂减产，种子产量降低。严重时针叶被吃光，形如火烧，使松树生长极度衰弱，并导致松墨天牛、松白星象、松小蠹虫等蛀干害虫大发生。

防治方法：① **预测预报**：马尾松毛虫是很重要的森林害虫，加强预测预报并专人负责非常必要，需常年观察虫情，以便出现大发生征兆时，及时采取措施。② **营林措施**：造林密植，疏林补密，合理打枝，针阔混交。③ **诱杀**：用黑光灯或高压汞灯诱杀成虫。④ **生物防治**：a．清明节前使用白僵菌粉剂（每克含量100亿孢子），每亩用量0.5千克，或白僵菌油剂每毫升含量100亿孢子，每亩用量100毫升。b．使用1.8%阿维苏云金杆菌可湿性粉剂1000～1500倍液喷雾。⑤ **化学防治**：a．使用25%灭幼脲可湿性粉剂1000～1500倍液喷雾。b．使用50%敌敌畏乳油1000～1500倍液进行喷雾防治。

◀ 马尾松毛虫蛹

▼ 马尾松毛虫幼虫

曲线苹枯叶蛾 （中文别名：直缘枯叶蛾）
Odonestis vita Moore

曲线苹枯叶蛾成虫

成虫： 雌蛾翅展 42 ~ 46 毫米；雄蛾翅展 38 ~ 41 毫米。全体橙褐色。触角黄褐色，分支红褐色。前翅内、外横线黑褐色，波状；亚外缘斑列较明显，呈波状纹；外缘毛深褐色，不太明显；中室端有一较明显的近圆形灰白色斑点（有时不明显），雌中室端白点周围黑褐色，较明显；雄中室端黑点中间为灰白色；外缘直；顶角较尖。后翅色泽较浅，有 2 条不太明显的深色横纹。

曲线苹枯叶蛾幼虫

生物学特性：一年发生 2 代，以蛹在茧中越冬，越冬代成虫出现在 6 月，第 1 代成虫出现在 8 月。10 月中旬在寄主枝杆上、杂草从中、石缝中、墙壁下等地结茧进入越冬。

危害寄主：秋枫等植物。

危害症状：幼虫取食植物叶子，影响植物正常生长。

防治方法：① **人工防治**：成虫大量出现和产卵期间，在植物上及时捕杀成虫和卵粒。幼虫在白天一般是在寄主枝干下部静伏，很容易被人发现和扑杀。② **生物防治**：使用 1.8% 苏云金杆菌可湿性粉剂 1000 ~ 1500 倍液进行喷雾防治。③ **化学防治**：a．使用 25% 灭幼脲可湿性粉剂 1000 ~ 1500 倍液喷雾。b．使用 10% 联苯菊酯乳油 2000 ~ 3000 倍液进行喷雾防治。

曲线苹枯叶蛾的寄主植物

栗黄枯叶蛾 （中文别名：绿黄毛虫、青枯叶蛾、栎黄枯叶蛾、绿黄枯叶蛾）

Trabala vishnou (Lefebvre)

栗黄枯叶蛾雄成虫

　　成虫：雌体长 25 ～ 38 毫米，翅展 58 ～ 79 毫米。淡黄绿至橙黄色；头黄褐色；复眼黑褐色；触角短、双栉状。胸背黄色。翅黄绿色，外缘波状，缘毛黑褐色，后缘基部中室后具 1 黄褐色大斑；腹末有黄白色毛丛。雄成虫较小，黄绿至绿色，翅绿色，中室端有 1 黑褐色点。**卵**：椭圆形，直径 1.6 ～ 1.7 毫米，灰白色。**幼虫**：长毛深黄色，密生，雄幼虫灰白色。头部具不规则深褐色斑纹，沿颅中沟两侧各具 1 黑褐色纵纹。前胸盾中部具黑褐色"×"形纹，前胸前缘两侧各有 1 较大的黑色瘤突，上生 1 束黑色长毛。**蛹**：赤褐色。长 19 ～ 22 毫米。茧长 40 ～ 75 毫米，茧灰黄色，略呈马鞍形。

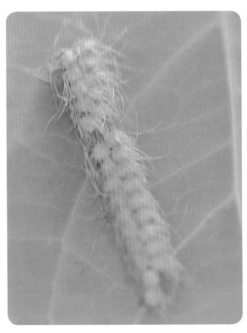

栗黄枯叶蛾卵

生物学特性：一年发生 3 ～ 4 代，最末一代在 11 月上旬出现。无越冬蛰伏现象。雌、雄幼虫龄数及历期不同，雄性 5 龄，历期 30 ～ 40 天，雌性 6 龄，历期 41 ～ 49 天。每头雌蛾平均产卵 327 粒，孵化率平均为 69.9%。成虫飞翔能力较强，有趋光性。

危害寄主：秋枫、桉树、红千层、红胶木、栗、核桃、海棠、苹果、山楂、石榴、咖啡、蓖麻、海南蒲桃、大叶紫薇、蒲桃、洋蒲桃、肖蒲桃、番石榴、柠檬桉、白千层、榄仁树、木麻黄、八宝树、枫香、柑橘类等多种植物。

危害症状：幼虫食叶成孔洞或缺刻状。严重时将叶片吃光，残留叶柄。

防治方法：① **人工防治**：卵与初龄幼虫群集便于人工摘卵、捕杀幼虫。② **营林措施**：营造针阔混交林，合理密植，加强经营管理，提高树势。③ **诱杀**：使用黑光灯等光源诱杀成虫。④ **生物防治**：a．使用 1.8% 苏云金杆菌（Bt）可湿性粉剂 1000 ～ 1500 倍液进行喷雾防治。b．早春低温高湿时释放白僵菌。c．保护蛹期的寄生蝇、幼虫期的猎蝽和鸟类等天敌。⑤ **化学防治**：使用 25% 灭幼脲 III 号 1000 ～ 2000 倍液，或 4.5% 联苯菊酯乳油 3000 ～ 4000 倍液，或 50% 敌敌畏乳油 1000 ～ 1500 倍液进行喷雾防治。

◀ 粟黄枯叶蛾茧

▼ 粟黄枯叶蛾幼虫

赤黄枯叶蛾
Trabala pallida (Walker)

赤黄枯叶蛾雌成虫

成虫：雄蛾体长41～48毫米，雌蛾体长61～78毫米。雄蛾触角深黄色，分支明显较短。复眼黑褐色，全体淡黄绿色。前翅中室端黄褐色斑点多不明显。后翅内缘呈黄白色。雌蛾呈橙黄色，前翅中室端呈黄褐色圆斑，斑点中间多呈黄白色，中室至后缘呈一大的赤褐色大斑。后翅内缘呈浅黄色。**幼虫：**有明显的淡黄色或浅白背线，各节侧面有蓝色的疣突，身体上有白、灰褐色的毛，但没有栗黄枯叶蛾幼虫那么浓密。**卵：**初产暗灰色，孵化前呈浅灰白色。

赤黄枯叶蛾茧

生物学特性：一年发生 5 代。赤黄枯叶蛾与栗黄枯叶蛾的幼虫在野外很难区分。以卵在树干和小枝上越冬。翌年 4 月下旬开始孵化，5 月中旬为盛期。初孵幼虫群集于卵壳周围，取食卵壳，经 1 昼夜，即开始取食叶肉。1 ~ 3 龄幼虫有群集性，食量大，受惊吓后吐丝下垂。4 龄后分散危害，食量猛增，受惊后昂头左右摆动。幼虫老熟于树干侧枝、灌木、杂草及岩石上吐丝结茧化蛹，蛹期 9 ~ 20 天。成虫多为夜晚羽化交尾，当晚或次日产卵于树干或枝条上，排成 2 行，即行越冬。每头雌蛾产卵量为 290 ~ 380 粒。成虫寿命平均 4.9 天。成虫具趋光性。

危害寄主：秋枫、桉树、紫薇属（千屈菜科）、野牡丹属（野牡丹科）、鳄梨属（樟树科）、番石榴属（桃金娘科）、安石榴属（安石榴科）、榄仁树属（使君子科）的植物。

危害症状：幼虫食叶成孔洞或缺刻。严重时将叶片吃光，残留叶柄。

防治方法：① **人工防治**：卵与初龄幼虫群集便于人工摘卵、捕杀幼虫。② **营林措施**：营造针阔混交林，合理密植，加强经营管理，提高树势。③ **诱杀**用黑光灯等光源诱杀成虫。④ **生物防治**：a．使用 1.8% 苏云金杆菌（Bt）可湿性粉剂 1000 ~ 1500 倍液进行喷雾防治。b．早春低温高湿时释放白僵菌。c．保护蛹期的寄生蝇、幼虫期的猎蝽和鸟类等天敌。⑤ **化学防治**：使用 25% 灭幼脲Ⅲ号 1000 ~ 2000 倍液，或 50% 敌敌畏乳油 1000 ~ 1500 倍液进行喷雾防治。

赤黄枯叶蛾幼虫

樟 蚕 （中文别名：枫蚕，天蚕，渔丝蚕）
Eriogyna pyretorum Westwood

樟蚕雄成虫

鳞翅目
Lepidoptera

大蚕蛾科
Saturniidae

成虫：翅长 48 ~ 52 毫米，体长 35 ~ 40 毫米。翅灰褐色，三角形。前后翅上各有 1 眼纹，外层为蓝黑色，内层外侧有淡蓝色半圆纹，最内层为土黄色圈，其内侧暗红褐色，中间为新月形透明斑。前翅顶角外侧有紫红色纹 2 条，内侧有黑短纹 2 条。后翅与前翅略相同，但色稍浅，眼纹较小。胸部背腹面和末端密被黑褐色绒毛，腹部节间有白色绒毛环。**卵：**乳白色，筒形，长 2 毫米，宽 1 毫米，数粒或十几粒紧密排列成块，卵面覆盖一层厚灰褐色的雌蛾尾部脱毛。**幼虫：**老熟幼虫体长 85 ~ 100 毫米，头绿色，身体黄绿色；背线、亚背线、气门线色较淡，腹面暗绿色；背线及亚背线、气门上、下线及侧腹线部位每体节上有枝刺，顶端平，中央下凹，四周有褐色小刺 5 ~ 6 根，各体节之间色较深；胸足橘黄色，腹足略黄，气门筛黄褐色，围气门片黑色。**茧：**灰褐色，长椭圆形。**蛹：**纺锤形，深红褐色，稍带黑色，长 30 ~ 35 毫米。全体坚硬，额区有 1 个不明显近方形浅色斑；臀刺 16 根。

生物学特性：一年发生1代，以蛹在茧内越冬，次年2～3月成虫羽化。卵多成堆产于树干或树枝上，每堆约50粒。初孵幼虫爬行到叶片上，栖息于叶片背面主脉两侧取食。幼虫共经8个龄期，全龄期约80天。老熟幼虫在树干或分叉处结茧。

危害寄主：樟树、枫香、枫杨、番石榴、野蔷薇、板栗、榆、枇杷、小叶米椎、油茶、泡桐等植物。

危害症状：1～3龄幼虫群集嚼食叶片成缺刻、孔洞。4龄以上幼虫分散危害，可将全叶吃光，仅留下叶柄及叶脉，影响植株的生长和观赏。严重时整株树的叶片被吃光，造成光杆，影响植株的生长，直至死亡。

防治方法：① 1. **人工防治**：a . 秋、冬季在树干基部用石灰浆或石硫合剂涂沫。b . 冬季人工刮除卵块；6～7月从树上将茧摘除，集中烧毁；老熟幼虫下树时人工捕杀。② **诱杀**：使用黑光灯等光源诱杀成虫。③ **生物防治**：a . 喷施苏云金杆菌1～2亿/毫升孢子悬浮液。b . 早春低温高湿时释放白僵菌。④ **化学防治**：使用25%灭幼脲Ⅲ号1000～2000倍液，或50%敌敌畏乳油1000～1500倍液进行喷雾防治。

樟蚕幼虫

杧果天蛾

Compsogene panopus (Crame)

杧果天蛾成虫

  成虫：翅展约 158 毫米。头枯黄，颈板棕色。胸部背面棕褐色。腹部棕黄色，第 5 腹节后的各节两侧有黑斑。胸、腹部的腹面橙黄色。前翅暗黄色，基部棕色，内、中线棕色，分界不明显，外线棕色较宽，内侧成一直线，外侧弯曲，端线棕色较细，成波状纹，外缘中部有较大的棕色三角形斑一块，近后角处有椭圆形棕黑色斑一块；后翅前缘黄色，外缘呈深棕色横带，中央有粉红色斑；前、后翅反面线纹与正面相同，只是黄色加重。**卵**：椭圆形，长 2.7～3.0 毫米，宽 2.4～2.7毫米。表面细布细小刻点。初产时卵亮黄色，孵化前孵黄色。**幼虫**：5 龄，红褐色至黑色，常见绿色型外，还有黄色型、橙色型、褐色型、蓝色型幼虫。**蛹**：呈纺锤形，光滑，红色至棕色，长45～53 毫米，宽 12～14 毫米。头部较窄；末端较尖，有三角形臀棘 1 枚，成钩状向腹面折叠，棘端分叉成 2 个小棘。

生物学特性：一年发生 3 ～ 4 代，以末代蛹在土下 6 ～ 10 厘米深的土室中越冬。4 月上旬越冬代成虫开始羽化，5 月中下旬幼虫进入暴吃期，幼虫晚间取食，幼虫随龄数的增加有转株危害的习性，白天栖息在叶背。老龄幼虫昼夜取食，常将叶片吃光。成虫昼伏夜出，有趋光性，夜晚较为活跃。卵散产于叶背面。

危害寄主：仅取食漆树科和藤黄科植物，主要取食杧果和红厚壳。也发现取食桉树。

危害症状：4 龄后幼虫危害严重，大量取食桉树叶片或杧果叶片，影响植物正常生长。在广西有严重危害桉树的报导。

防治方法：① **人工防治**：结合耕作农活，把挖出土面的蛹捡集除灭。② **诱杀**：成虫趋光性强，盛发期可用黑光灯等光源诱杀。③ **化学防治**：幼虫盛发期，使用 25% 灭幼脲Ⅲ号悬浮剂 1000 ～ 1500 倍液，或 10% 吡虫啉可湿性粉剂 1500 ～ 2000 倍液进行喷雾防治。

杧果天蛾寄主植物

鬼脸天蛾 （中文别名：人面天蛾、骷髅天蛾）

Acherontia lachesis (Fabricius)

鬼脸天蛾成虫

成虫：翅展 100 ~ 125 毫米。胸部背面有鬼脸形斑纹，眼点斑以上有灰白色大斑，腹部黄色，各环节间有黑色横带，背线蓝色较宽，前翅黑色、青色、黄色相间；内横线、外横线各由数条深浅不同的波状线条组成；中室上有一个灰白色点；后翅黄色，基部、中部及外缘处有较宽的黑色带三条，后角附近有灰蓝色斑。雌、雄成虫差异不明显。**幼虫**：体长约 90 ~ 120 毫米。体型肥大，体色有黄色、绿色、褐色、灰色等多种，体侧有倾斜的斑纹（但会因个体差异而有所不同）。

鬼脸天蛾成虫

生物学特性：一年发生 1 代，成虫七、八月出现，生活在低、中海拔山区。夜晚趋光，受到干扰，会在地面飞跳并发出吱吱的叫声，飞翔能力较弱，常隐居于寄主叶背，散产卵于寄住叶背及主脉附近。以蛹过冬。幼虫危害胡麻等作物。

危害寄主：茄科、马鞭草科、木犀科、紫葳科、唇形科等植物。

危害症状：幼虫取食叶片，影响植物正常生长。

防治方法：① **人工防治**：结合耕作农活，把挖出土面的蛹捡集除灭。② **诱杀**：成虫趋光性强，盛发期可用黑光灯等光源诱杀。③ **化学防治**：幼虫盛发期，使用 25% 灭幼脲Ⅲ号悬浮剂 1000 ～ 1500 倍液，或 10% 吡虫啉可湿性粉剂 1500 ～ 2000 倍液进行喷雾防治。

鬼脸天蛾成虫

同安钮夜蛾
Ophiusa disjungens (Walker)

鳞翅目
Lepidoptera

夜蛾科
Noctuidae

同安钮夜蛾成虫

成虫：体长 28 ~ 36 毫米。翅展 65 ~ 76 毫米。触角灰褐色，雄蛾触角具纤毛。头部及胸部浅黄褐色。腹部橘黄色。前翅暗褐黄色，顶角区暗黑色，外缘区深褐色，环纹为黑褐点，肾纹红褐色，形状不规则，翅外缘有 1 列黑点。后翅橘黄色，外缘区有 1 个黑色宽斑。**幼虫**：大龄幼虫体长 65 ~ 82 毫米，全体浅黄褐色，有深褐色纵线多条，线间有黑斑点，第八腹节背面有 2 个凸起。**蛹**：长 32 ~ 39 毫米，宽 10.5 毫米，初期浅黄色，羽化前深褐色。

同安钮夜蛾幼虫

生物学特性：一年发生 4 ~ 5 代，无真正越冬现象，在偏北地区，以幼虫、蛹在草丛、石缝、土隙等处越冬。成虫每年 4 ~ 6 月危害枇杷、桃、李、杧果、黄皮等果实；6 ~ 7 月危害荔枝；7 ~ 9 月危害龙眼；8 月以后危害柑橘、橙的果实等。一天中，20 ~ 23 时该虫觅食最为活跃，闷热、无风、无月光的夜晚，成虫活动加剧，危害加重。成虫基本上无趋光性。幼虫杂食性，除了啃食各种果树叶片外，经常取食危害桉树叶片。

危害寄主：桃金娘科植物、桉树属植物，以及枇杷、黄皮、桃、荔枝、龙眼、杧果、柑橘、石榴等植物。

危害症状：被成虫危害的果实易受细菌感染而腐烂。幼虫初龄时仅取食叶肉，残留表皮，大龄时啃食全叶。主要危害中低龄桉树，局部严重地区尾叶桉叶片被全部吃光，严重影响桉树正常生长。

防治方法：① **预测预报**：掌握虫情，及时进行防治。② **人工防治**：冬季翻松土壤时拾虫。③ **生物防治**：使用 1.8% 阿维菌素乳油 1500 ~ 2000 倍液进行防治。④ **化学防治**：使用 25% 灭幼脲Ⅲ号 1500 ~ 2000 倍液，或 10% 吡虫啉可湿性粉剂 1500 ~ 2000 倍液进行喷雾防治。

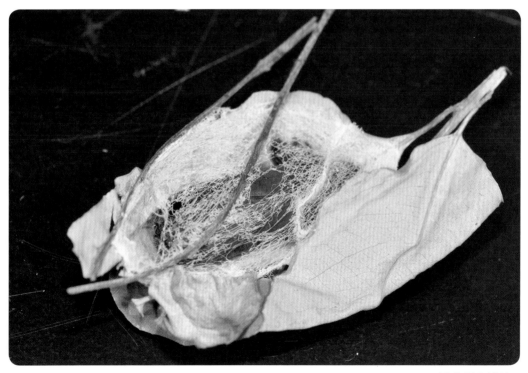

同安钮夜蛾茧

斜纹夜蛾

Spodoptera litura (Fabricius)

斜纹夜蛾成虫（背面）

成虫：体长 16 ～ 21 毫米，翅展 37 ～ 42 毫米，全体灰褐色。前翅黄褐色，具有复杂的黑褐色斑纹，内外横线之间有灰白色宽带，自内横线前缘斜伸至外横线内缘 1/3 处，灰白色宽带中有 2 条褐色线纹（雄蛾不明显）。后翅白色，带有红色闪光，外缘有 1 条褐色线。**卵**：半球形，直径约 0.5 毫米，黄白色，卵成块，外覆黄白色绒毛。**幼虫**：老熟幼虫体长 38 ～ 51 毫米，体色因虫龄、食物、季节而变化，从初孵幼虫时的绿色渐变为老熟时的黑褐色。背线、亚背线橘黄色，亚背线内侧具三角形黑斑一对。**蛹**：长 18 ～ 20 毫米，赤褐色，臀棘 2 根。

斜纹夜蛾成虫（侧面）

生物学特性：斜纹夜蛾为迁飞性害虫。一年发生 5 ～ 7 代，世代重叠明显。主要以蛹在土中越冬，少数以幼虫在杂草间、土下越冬。成虫昼伏夜出，对黑光灯有较强的趋性，喜食糖、酒、醋等发酵物。成虫产卵前期 1 ～ 3 天，卵多产于叶背，每头雌虫能产 8 ～ 17 卵块。每卵块有 100 ～ 200 粒卵。卵产下 2 ～ 3 天后即能孵化，初孵幼虫常群集危害，2 ～ 3 龄后分散，4 龄后进入暴食期。

危害寄主：桉树、白花三叶草、马蹄金、香石竹、菊花、月季、山茶、向日葵、甘薯、棉、芋、荷、烟草、芝麻、玉米、高粱、瓜类、豆类及多种蔬菜和植物。

危害症状：幼虫为害方式不一，有的食叶，可造成大面积危害；有的在土内咬食植物根茎。

防治方法：① **人工防治**：冬季结合耕作农活，把挖出土面的蛹捡集除灭。② **诱杀**：a．成虫趋光性强，盛发期可用黑光灯等光源诱杀。b．用糖、酒、醋等发酵物诱杀成虫。③ **生物防治**：使用 1.8% 阿维菌素乳油 1500 ～ 2000 倍液进行喷雾防治。④ **化学防治**：幼虫盛发期，使用 25% 灭幼脲Ⅲ号悬浮剂 1000 ～ 1500 倍液，或 10% 吡虫啉可湿性粉剂 1500 ～ 2000 倍液进行喷雾防治。

斜纹夜蛾幼虫

桉重尾夜蛾
Penicillaria sp.

成虫：体长 11 毫米，翅展 27 毫米。头、胸部黑紫色杂灰色毛；腹部暗棕色，下胸后部白色。腹部背面第 2、3、5、6 节基部被白色毛环。足有白斑。前翅黑紫棕色杂少许灰白色毛，中脉和肘脉基半部被灰白色毛似呈横线状；环纹清晰，两侧黑紫色，中央区棕褐色；肾纹棕灰褐色；内线黑色衬紫棕褐色，外斜至中脉后，折向内斜；中线棕褐色，上部衬浅黄褐色；外线双黑色内衬紫棕褐色；亚端线黑色衬紫棕色，其外域较宽，并有紫黑色带。**幼虫**：成熟幼虫体长 15 ~ 18 毫米，体绿色，具白色和紫色小斑，背中线淡绿色，亚背线、气门线黄白色，气门棕褐色。

桉重尾夜蛾幼虫

生物学特性：一年发生3代以上，以大龄幼虫及蛹越冬。10月在桉树林中能见到各龄幼虫。幼虫主要危害幼林和成林。桉树林管理不善，不及时施肥抚育，杂草较多的林分，害虫密度较高，受害往往严重。与杧果等果园相邻的桉树林，害虫种群密度普遍较高。及时施肥抚育，生长健壮的桉树林，害虫较少发生。

危害寄主：桉树。

危害症状：低龄幼虫啃食叶肉，使受害叶呈半透明状。大龄幼虫嚼咬叶片，使受害叶呈缺刻或孔洞。严重危害时，可将局部幼树或成林叶片吃光，严重影响桉树生长。

防治方法：① **林业措施**：加强中幼林地的抚育管理，铲除杂草、及时施肥。② **生物防治**：使用1.8%阿维菌素乳油1500 ~ 2000倍液进行喷雾防治。③ **化学防治**：幼虫盛发期，使用25%灭幼脲Ⅲ号悬浮剂1000 ~ 1500倍液，或10%吡虫啉可湿性粉剂1500 ~ 2000倍液进行喷雾防治。

桉重尾夜蛾幼虫

幻夜蛾
Sasunaga tenebrosa Moore

幻夜蛾成虫

鳞翅目
Lepidoptera

夜蛾科
Noctuidae

成虫：体长 19 毫米，翅展 40 毫米。头部与胸部棕色；前翅霉绿褐色，基线双线黑色，后半为 1 黑色扫帚形纹，剑纹基部为 1 黑纵条，紧接一白纹，外端为披针形黑圈；内线双线黑色，波浪形；环纹中央黑色，外围具浅褐圈及浓黑的边线；肾纹色同环纹但无黑边，仅在内侧呈黑色；外线双线黑色，锯齿形外弯；亚端线浅褐黄色，后半波浪形，前端内侧有 1 半圆形黑斑，其后缘衬黄色；端线由新月形黑点组成，端区翅脉黑色，脉间另有黑纹，3 ~ 7 脉间的纹最粗。**幼虫：**具黄色型和白色型，黄色型背线赤褐色具节，白色型背线金黄色。

幻夜蛾的黄色型幼虫

生物学特性：一年发生代数不详。成虫白天隐蔽在植物叶背或附近的丛林、灌木林中，夜间活动，有趋光性。成虫喜在植物上部叶背面集中产卵。初孵幼虫群集在产卵株的顶部叶背危害，取食叶片。3龄后分散危害。幼虫活泼，稍受惊动即转移。受惊动后以尾足和腹足紧握叶背，头部左右摆动，口吐黄绿色汁液。气温高、湿度大、时晴时雨天气最适宜发生。

危害寄主：美丽异木棉等植物。

危害症状：幼虫大量取吃植物叶子，叶片被取食后遗留下叶脉，严重影响植物正常生长。

防治方法：① **人工防治**：摘除卵块和群集幼虫的叶片，集中烧掉或深埋。② **林业措施**：加强中幼林地的抚育管理，铲除杂草、及时施肥、清除枯枝落叶，中耕松土，可以消灭部分虫蛹。③ **生物防治**：使用1.8%阿维菌素乳油1500～2000倍液进行喷雾防治。④ **化学防治**：幼虫盛发期，使用25%灭幼脲Ⅲ号悬浮剂1000～1500倍液，或10%吡虫啉可湿性粉剂1500～2000倍液进行喷雾防治。

幻夜蛾的白色型幼虫

变色夜蛾

Hypopyra vespertilio (Fabricius)

变色夜蛾成虫

成虫: 体长 26 ~ 28 毫米, 翅展 76 ~ 80 毫米。头部和颈板暗褐色, 胸背部灰褐色, 腹部杏黄色。前翅淡褐色, 大部分密布黑棕色细点, 肾纹窄, 黑棕色, 后端外侧有 3 个卵形黑褐斑。后翅褐灰色, 中线双线棕黑色, 后缘杏黄色。雌蛾前翅肾纹弱。

变色夜蛾幼虫

生物学特性：一年发生 2 ～ 4 代，以蛹在寄主根基部或附近的土中越冬。翌年 4 月上旬至 5 月上旬羽化，4 月下旬至 5 月下旬产卵。全年以 7 ～ 9 月危害最为严重。成虫昼伏夜出，夜间还可飞入果园吸食成熟果实的果汁。卵多产于寄主植物的主干基部或枝杈、叶丛的背面，卵成块状或者条状，少数散产。幼虫白天栖息于树干下部皮缝中，晚间爬上枝叶取食，次日下爬栖息，阴天可全天取食枝叶。老熟幼虫在夜间将叶片咬断，然后吐丝缀入小叶，于枝杈或者叶丛中间结茧化蛹。

危害寄主：南洋楹、合欢、金合欢、紫藤、柑橘等植物。

危害症状：幼虫取食叶片，严重时，残留主脉和叶柄。成虫吸食柑橘等果汁，引起落果。

防治方法：① **人工防治**：摘除卵块和群集幼虫的叶片，集中烧掉或深埋。② **林业措施**：加强中幼林地的抚育管理，铲除杂草、及时施肥、清除枯枝落叶，中耕松土，可以消灭部分虫蛹。③ **生物防治**：使用 1.8% 阿维菌素乳油 1500 ～ 2000 倍液进行喷雾防治。④ **化学防治**：幼虫盛发期，使用 25% 灭幼脲Ⅲ号悬浮剂 1000 ～ 1500 倍液，或 10% 吡虫啉可湿性粉剂 1500 ～ 2000 倍液进行喷雾防治。

变色夜蛾蛹

凤凰木同纹夜蛾 （中文别名：凤凰木夜蛾）

Pericyma cruegri (Butler)

凤凰木同纹夜蛾成虫

成虫：体长 17 ~ 22 毫米，翅展 33 ~ 48 毫米。头部及胸部灰褐色，颈板有 2 条褐色横线。腹部灰褐色，第 3、4、5 节背面各有一黑色毛簇。前翅灰褐色或红黑褐色，肾状纹红黑褐色，亚外缘线与外横线之间有一灰黑色窄带。后翅灰褐色。**卵：**绿色，略呈半球形，卵壳表面有纵脊约 40 条。**幼虫：**老龄幼虫体长 44 ~ 60 毫米，宽 4 毫米左右。体背有一层白粉。腹部第 1 至第 8 节气门后方各有 1 个微隆起的黑褐色不规则斑块。**蛹：**长 17 ~ 26 毫米，深褐色。臀棘较长，末端有 2 对弯向两侧的褐色钩，在其两侧各有 1 根弯向内侧的短钩。

凤凰木同纹夜蛾幼虫

生物学特性：一年发生 8 ～ 9 代，在 7 ～ 8 月平均气温为 28℃时，卵期 3 天，幼虫期 14 ～ 20 天，预蛹期 2 天，蛹期 8 ～ 9 天。12 ～次年 2 月平均气温为 21℃时，卵期 4 天，幼虫期 19 ～ 21 天，预蛹期 3 天，蛹期 59 ～ 67 天。成虫飞翔力强，白天潜伏在离地面较高的阴暗处，趋光性较强，大发生初期卵集中产在树冠上部、林缘和地势高的林地，大多散产于叶背，孕卵量每雌 870 ～ 1270 粒。树叶快被吃尽时，幼虫有群集转移的习性。老熟幼虫在寄主树上，或爬到其他树上和杂草上缀叶结茧化蛹。5 ～ 6 月持续高温干旱天气，常引起该虫大发生。

危害寄主：凤凰木。

危害症状：幼虫取食光凤凰木的叶子，遗留下叶柄，影响植物正常生长。

防治方法：① **生物防治**：a．使用 1.8% 阿维菌素乳油 1500 ～ 2000 倍液进行喷雾防治。b．天敌有蜘蛛、螳螂、黑卵蜂、小茧蜂、大腿蜂、寄生蝇、松毛虫恶姬蜂等，应保护利用。② **化学防治**：幼虫危害期，使用 50% 敌敌畏乳油 1000 ～ 1500 倍液，或 25% 西维因可湿性剂 1500 ～ 2000 倍液，或 45% 马拉硫磷乳油 1000 ～ 1500 倍液，或 50% 辛硫磷乳油、或 25% 灭幼脲Ⅲ号胶悬剂 2000 ～ 3000 倍液进行喷雾防治。

被凤凰木同纹夜蛾危害的凤凰木和它在叶片上结的茧

白裙赭夜蛾
Carea subtilis Walker

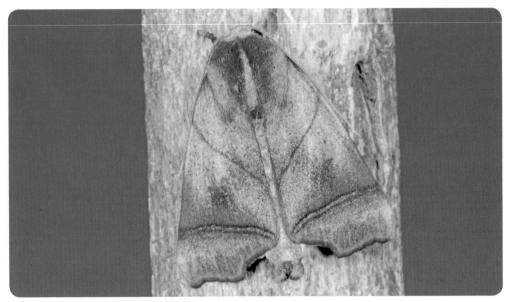

白裙赭夜蛾成虫

成虫：体长 15 ~ 20 毫米，翅展 32 ~ 41 毫米。头部和胸部赭红色，散布有零星小黑点，内线黑褐色，较直外斜，后半双线，外线双线黑褐色，较直，外斜至臀角，其内侧褐色，外线前端至内线后端有隐约的暗褐色斜条。后翅白色，缘毛前半淡褐色。**幼虫**：体长 20 毫米，胸宽 8 毫米。胸部黄绿色，腹背中央为黄绿色宽带，气门线上为一紫红褐色宽带，两带间为一条黄褐色宽带。头黑色，胸节特别膨大如球状，腹部第 6 节上有舌状尾突。幼虫老熟后在树上缀叶吐丝结茧后化蛹，茧白色，较厚。

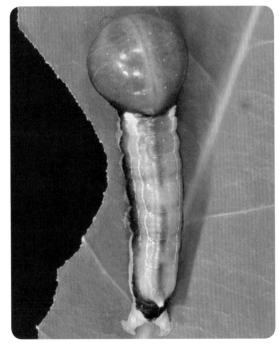

白裙赭夜蛾幼虫

生物学特性：一年发生 12 代，完成 1 世代 27 ~ 44 天。成虫在晚上 8 点 ~ 0 时羽化的头数最多；成虫有趋光性；在白天静伏于寄主叶片上，夜间活动。雌虫一生产卵最多的可达 549 粒，卵单产于叶片上。幼虫在晚上孵化，初时取食叶片表皮. 后取食叶片呈穿孔状，中龄及老龄幼虫取食叶片呈不规则的缺刻状，末龄幼虫食量最大。在不取食时静伏于叶片上，受惊扰即吐出黄水；雨天躲于叶片背面。脱皮多在下午进行，有自食其脱下皮的习性。蛹幼虫老熟后，结辏两张叶片，在其中吐丝作白色薄茧并在其内化蛹，有的只在叶片表面吐丝作白色薄茧并在其中化蛹。

危害寄主：蒲桃、桉树、龙眼、荔枝、黄檀、桃金娘等不同科的多种阔叶树种。

危害症状：低龄幼虫为害叶片呈穿孔状，中龄及老龄幼虫取食叶片呈不规则的缺刻状，严重发生时将叶片吃光。

防治方法：① 营林措施。加强林木管理，清除枯枝落叶；冬季结合清园，进行除草和翻松园土，以减少蛹期的虫口基数。② 人工防治。利用幼虫有假死落地的习性，可人工摇动果树的枝条，促使幼虫落地，人工加以捕杀或放鸡啄食。人工摘除结辏两张叶片内的老熟幼虫和蛹。③ 化学药剂防治。做好虫情监测工作，掌握幼虫在 3 龄以前喷药 1 ~ 2 次。药剂品种有 90% 敌百虫晶体、或 80% 敌敌畏乳油、或 40% 氧化乐果乳油 1000 倍液，或 18% 杀虫双水剂 300 ~ 400 倍液，或 52% 农地乐乳油 2000 ~ 2500 倍液，或 30% 双神乳油 1000 ~ 2000 倍液，或其他菊酯类杀虫剂。

白裙赭夜蛾危害状

艳叶夜蛾
Eudocima salaminia (Cramer)

艳叶夜蛾成虫

成虫：体长 28 ～ 30 毫米，翅展 76 ～ 80 毫米。头部及胸部褐绿色带灰色。前翅前缘区和外缘区白色，布有暗棕色细纹，向前缘渐带绿色，其余翅色金绿，翅脉纹紫红，亚中褶有 1 紫红纵纹。后翅橘黄色，端区有 1 黑带，近臀角有 1 肾状黑斑，缘毛前半黑白相间，后半橘黄色，腹部黄色。

艳叶夜蛾成虫

生物学特性：生活在低、中海拔山区。夜晚具趋光性。

危害寄主：主要危害柑橘果实，另外危害杧果、黄皮、番石榴、苹果、葡萄、枇杷、杨梅、番茄、梨、桃、杏、柿、栗等植物的果实，也危害蝙蝠葛属植物。

危害症状：成虫吸食果实汁液，尤其近成熟或成熟果实。

防治方法：① **人工防治**：夜间人工捕杀成虫。② **林业措施**：加强果园管理，彻底铲除柑橘园内及周围1千米范围内的木防己和汉防己。③ **诱杀**：可安装黑光灯、高压汞灯或频振式杀虫灯诱杀成虫。④ **生物防治**：在7月前后大量繁殖赤眼蜂，在柑橘园周围释放，寄生吸果夜蛾卵粒。⑤ **化学防治**：使用2.5%功夫乳油2000～3000倍液，或50%辛硫磷乳油、或20%甲氰菊酯乳油2000～3000倍液，或25%灭幼脲Ⅲ号胶悬剂2000～3000倍液进行喷雾防治。

艳叶夜蛾寄主植物

榕透翅毒蛾 （中文别名：透翅榕毒蛾、椿透翅毒蛾）

Perina nuda (Fabricius)

榕透翅毒蛾雄成虫　　　　　　　　榕透翅毒蛾雌成虫

　　成虫：雄虫翅展30～38毫米，雌虫翅展41～50毫米。雄蛾触角干棕色，栉齿黑褐色；下唇须、头部、前足胫节、胸部下面和肛毛簇橙黄色；胸部和腹部基部灰棕色；前胸灰棕色；腹部黑褐色，节间灰棕色；前翅透明，翅脉黑棕色，翅基部和后缘（不达臀角）黑褐色；后翅黑褐色，顶角透明，后缘色浅，灰棕色。雌蛾触角干淡黄色，栉齿灰棕黄色；头部、足和肛毛簇黄色；前、后翅淡黄色，前翅中室后缘散布褐色鳞片。**卵：**赤色，产在枝干或叶柄上。**幼虫：**体长21～36毫米，体暗色，第1、2腹节背面有茶褐色大毛丛，各节皆生有3对赤色肉质隆起，生于侧面的较大，其上皆丛生有长毛；背线很宽，黄色；老熟幼虫青色，惟背线部为暗黑色。**蛹：**体长约21毫米，略呈纺锤形，头端粗圆，尾端尖，有红褐色及黑褐色斑。

生物学特性：一年发生代数不详。每年 5 ～ 10 月间发生，以 5 ～ 6 月最为普遍，在小榕树上普遍发生。幼虫喜欢吃桑科榕属植物，常见于榕叶上活动。幼虫化蛹于叶面，结茧时将几根坚韧的丝黏住附近的叶子，然后悬于中间。成虫 5 ～ 11 月间出现，卵产在枝干或叶柄上。为公园里常见蛾类。

危害寄主：细叶榕、榕树、黄葛榕、高山榕、金边垂榕、黄榕、菩提榕等榕属植物。

危害症状：幼虫取食榕树叶片，把叶片吃成残缺不全，呈不规则的缺刻状，是小榕树常见害虫之一。

防治方法：① **人工防治**：人工捕杀幼虫和蛹。② **化学防治**：幼虫危害期使用 20%甲氰菊酯乳油 2000 ～ 3000 倍液，或 40%氰戊菊酯 2000 ～ 3000 倍液，或 90%美曲膦酯晶体 1000 ～ 1500 倍液，或 80%敌敌畏乳油 1000 ～ 2000 倍液，或 50%西维因可湿性粉剂 300 ～ 500 倍液进行喷雾防治 1 ～ 2 次，间隔 7 ～ 10 天。均有良好的防治效果。

◀ 榕透翅毒蛾幼虫

榕透翅毒蛾蛹 ▶

棉古毒蛾 （中文别名：灰带毒蛾、荞麦毒蛾）
Orgyia postica (Walker)

▲ 棉古毒蛾雌成虫

▶ 棉古毒蛾卵

成虫：雌、雄虫成虫异形。雄蛾翅展22～25毫米，雌蛾翅退化，体黄白色，体长15～17毫米，头胸部短，腹部占身体的大半，腹中卵粒隐约可见。雄蛾体长9～12毫米，翅展22～25毫米；触角干浅棕色，栉齿褐黑色；体和足褐棕色。前翅棕褐色，基线黑色，外斜，内横线黑色，波浪形，外弯，横脉纹棕色带黑边和白边，外横线黑色，波浪形，前半外弯，后半内凹，在中室后缘与内横线靠近，两线间灰色；亚外缘线黑色，双线，波浪形；亚端区灰色，有纵向黑纹；外缘线由一列间断的黑褐色线组成，缘毛黑棕色有黑褐色斑。后翅黑褐色，缘毛棕色。**卵**：白色，球形，顶点稍扁平，有淡褐色轮纹，直径约0.7毫米。**幼虫**：老熟幼虫体长36毫米，浅黄色，有稀疏棕色毛，背线及亚背线棕色，前胸背板两侧和第8腹节背面中央各有一棕色长毛束，第1～4腹节背面各有一黄色刷状毛，第1、2腹节两侧各有一灰白色长毛束；头部橘红色；翻缩腺红褐色。**蛹**：长18毫米，黄褐色。**茧**：黄色，椭圆形，粗糙，表面附着黑色毒毛。

生物学特性：一年发生6代，世代重叠，每年6～8月4种虫态均可同时出现。以幼虫越冬，但稍一转暖，越冬幼虫又可活动。越冬幼虫于3月上旬开始化蛹。雌蛾产卵于茧外或附近其他植物上，每一雌蛾平均产卵382粒，卵期在夏季为6～9天，冬季为17～27天。幼虫期夏季为8～22天，冬季为24～61天。蛹期夏季为4～10天，冬季为15～25天。每一世代约经40～50天。幼虫孵化后群栖于寄主植物上危害，严重时可将全部树叶吃光，但大发生后，寄生天敌较多，可将其抑制。

危害寄主：秋枫、小叶榄仁、发财树、桉树、大叶相思、木荷、台湾相思、紫荆、假萍婆、红花羊蹄甲、紫荆羊蹄甲、木棉、马占相思、竹柏、大叶紫薇、紫薇、月季、高山榕、木麻黄、黑荆、杧果、桉树、葡萄、桃、梨、柑橘等多种植物。

危害症状：幼虫吃叶，呈不规则的缺刻状。食性杂，危害多种花木及果树。

防治方法：① **人工防治**：初龄幼虫较为集中危害，此时可摘叶扑杀。② **诱杀**：3月下旬至4月中旬，设置黑光灯诱杀越冬代的雄成虫。③ **生物防治**：该虫大发生期间，天敌寄生率通常可达50%以上，可采茧存放于养虫笼中，待寄生天敌羽化飞出，再加以利用。④ **化学防治**：幼虫危害期使用20%甲氰菊酯乳油2000～3000倍液，或40%氰戊菊酯2000～3000倍液，或90%美曲膦酯晶体1000～1500倍液，或80%敌敌畏乳油1000～2000倍液，或50%西维因可湿性粉剂300～500倍液进行喷雾防治。

棉古毒蛾幼虫

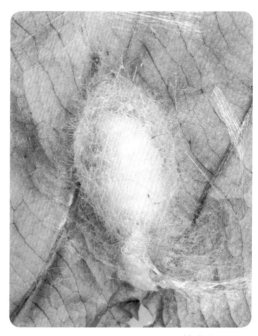

棉古毒蛾茧

松茸毒蛾

（中文别名：马尾松毒蛾、松毒蛾）

Dasychira axutha Collenette

松茸毒蛾雄成虫（背面）

松茸毒蛾雄成虫（侧面）

成虫：雄蛾体长 12 ～ 19 毫米，翅展 32 ～ 41 毫米，触角羽毛状。体色暗灰褐色，前翅灰黑色，散布波状黑纹，横脉纹呈半月形黑环。后翅暗灰白色，基半部色浅。前后翅反面横脉纹黑褐色。雌蛾体长 17 ～ 24 毫米，翅展 41 ～ 60 毫米，触角短栉状。体色及波状黑纹较雄蛾浅。**卵：**灰褐色或灰黑色，扁圆形，中间有一小凹陷，凹陷部中央有一黑点。**幼虫：**一般 6 ～ 7 龄。初孵幼虫淡黄色，毛长。老熟幼虫体长 33 ～ 42 毫米；头红褐色，体黄棕色或红棕色，杂有不规则黑褐色斑点和纵线；前胸背面两侧各有一棕黑色长毛束，向头部两侧前方斜伸，第 1 ～ 4 腹节背面各有一黄褐色毛刷，形如马鬃。第 8 腹节背面有一棕黑色毛束，向腹末背后上方伸出，其余各瘤上密生棕黑色毛，仅第 7 腹节背面有翻缩腺。**蛹：**长 14 ～ 21 毫米，黄棕色，短圆锥状，头、胸、腹的背面生有毛丛，但腹末各节毛较长。腹端有长短不一、弯曲的臀棘。**茧：**黄褐色，稀薄，表面附有黑褐色毒毛，长约 21 ～ 34 毫米，透过茧壳可见蛹体。

生物学特性：一年发生 4 代，以蛹越冬。成虫多在黄昏羽化，趋光性强，多在晚上及清晨交尾，每雌成虫产卵 1 ~ 3 块，每卵块 150 ~ 250 粒卵，幼虫多在清晨孵化，有吐丝悬空随风飘散的习性，5 龄后食量大增，喜吃老叶，幼虫老熟后，多在树干基部周围的枯枝落叶层中或杂草灌木中卷叶结茧，有群聚结茧的习性。以南坡和西南坡的山腰中部松茸毒蛾数量较多，中龄松树、纯林发生比较严重。常与马尾松毛虫混合危害松树，马尾松毛虫在山脚幼龄树上危害，松茸毒蛾在山腰中龄树上危害。

危害寄主：马尾松、湿地松、思茅松、火炬松等松属植物。

危害症状：高龄幼虫食量大，喜食松树老叶，取食针叶时，常留下 3 ~ 4 厘米的针叶基部，且多从针叶中部咬断，故使受害松林的地面出现大量断针叶，更加剧了松林的受害程度。

防治方法：① **人工防治**：人工防治：冬、春季结合林地抚育铲除杂草，破坏松茸毒蛾越冬场所，减少翌年虫源数量。成虫出现期，使用黑光灯诱杀成虫。② **天敌防治**：松茸毒蛾有卵期寄生蜂、老熟幼虫和蛹期寄生蝇、寄生蜂、病菌，螳螂、蜘蛛、鸟类等捕食性天敌，特别是松茸毒蛾核多角体病毒在林间控制害虫发生。要保护和利用这些天敌。③ **生物防治**：春季结合马尾松毛虫的防治，林间喷洒白僵菌。④ **化学防治**：使用 20% 除虫菊酯乳油、或 90% 敌百虫晶体 2000 倍液喷雾，防治效果最好。使用 44% 双硫磷乳油、或 80% 敌敌畏乳油 1000 倍液喷雾，防治效果亦很理想。

▶ 松茸毒蛾幼虫

▼ 松茸毒蛾蛹

◀ 松茸毒蛾茧

铅茸毒蛾

Dasychira chekiangensis Collenette

铅茸毒蛾成虫

成虫：雄蛾翅展 34 ~ 41 毫米。头部和胸部褐棕色，腹部白黄色带棕色，腹部基部有黑色毛丛；前翅黑褐色，散布浅紫色铅粉，内线暗褐色，横脉纹黄色，肾形，外上方与外线接触，中区后缘黄棕色，外线暗褐色，锯齿形，从前缘至 Cu$_2$ 脉微外弯；后翅和缘毛淡褐色，横脉纹和外线色暗。**卵：**直径约 0.7 毫米，球形，上面中央稍凹，上半部淡黄色，下半部白色。**卵：**直径 0.7 毫米左右，球形。**幼虫：**体长约 35 毫米，头部暗朱红色，身体黑色，散生灰白色斑，前胸两侧和第 8 腹节各有一暗褐色长毛束，腹部第 1 ~ 4 节背面各有一淡黄色毛刷。腹足暗朱红色。第 7 和第 8 腹节背面有翻缩腺。**蛹：**体长 13 ~ 20 毫米，淡黄色，被黑色和黄色短毛。**茧：**污灰色。

铅茸毒蛾幼虫

生物学特性：一年发生代数不详。成虫白天静伏在叶的反面，夜间出来活动。产卵成块状，每块由 100 多粒卵组成。初孵幼虫有群集性，3 龄后分散危害。茧结在叶片上。适生于低矮密集的树丛或灌木丛。

危害寄主：囊瓣木、南洋楹、大叶相思、发财树、肉桂、黄牛木、台湾相思、紫荆、无花果等植物。

危害症状：幼虫危害植物叶片，呈不规则的缺刻状。

防治方法：① **人工防治：**摘除卵块和虫茧，减少虫源。② **林业措施：**加强栽培管理，增强树势，提高植株抵抗力。营造混合林，及时清理杂草、枯枝落叶。③ **化学防治：**幼虫发生期，使用 90％晶体美曲膦酯 800 ～ 1000 倍液，或 4.5％联苯菊酯乳油 2000 ～ 3000 倍液，或 20％甲氰菊酯乳油 2000 ～ 3000 倍液，或 40％氰戊菊酯 2000 ～ 3000 倍液进行喷雾防治。

铅茸毒蛾幼虫

丽毒蛾

（中文别名：苹叶纵毒蛾、苹毒蛾、苹果蛾、纵纹毒蛾、茸毒蛾）

Calliteara pudibunda (Linnaeus)

鳞翅目
Lepidoptera

毒蛾科
Lymantriidae

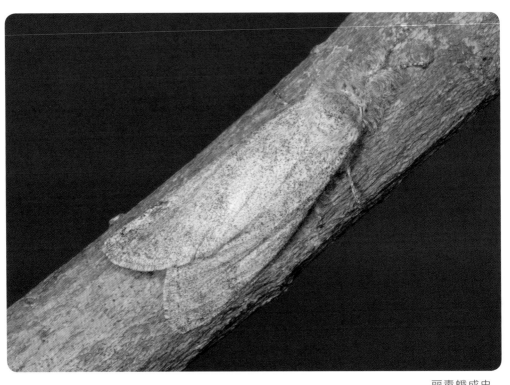

丽毒蛾成虫

成虫：体长 20 毫米，雄蛾翅展 35 ～ 45 毫米，雌蛾翅展 45 ～ 60 毫米。头胸部灰褐色，内基线黑色，内横线为黑色宽带，横脉纹灰褐色带黑边，外横线双线黑色，亚缘线黑褐色，缘线为 1 列黑褐色点。缘毛灰白，有黑褐色斑。后翅白色带黑褐色鳞片和毛。**卵：**淡褐色，扁球形，中央有 1 个凹陷。**幼虫：**体被黄色长毛。体长 35 ～ 52 毫米，头淡黄色，体近圆筒形，绿黄色或淡黄褐色。腹部第 1、2 和 3 节背面有宽大绒黑斑，每节前缘赭褐色，第 5 ～ 7 腹节间微黑，亚背线在第 5 ～ 8 腹节为间断的黑带。前胸背板两侧各有 1 束向前伸的黄色毛束，第 1 ～ 11 腹节背面各有 1 簇土荧色刷状毛丛，周围有白毛，翻缩腺黑色。江苏南部和浙江的标本幼虫毛金黄色。**蛹：**黄绿色至淡褐色，背面有较长毛束，腹面光滑。臀棘短圆锥形，末端有许多小钩。蛹化在黄褐色疏丝茧包中，上有幼虫毒毛。

生物学特性：一年发生3代，以蛹越冬，翌年4月中、下旬羽化，第1代幼虫发生于5～6月上旬，第2代幼虫发生于6月下旬～8月上旬，第3代幼虫发生于8月中旬～11月下旬，越冬代蛹期约半年。成虫羽化当晚即可交尾产卵，每块卵块20～300粒卵，第1、2代卵可产于叶片上，越冬代卵多产在树枝干上。幼虫历期25～50天，幼虫危害嫩叶，老熟幼虫将叶卷起结茧化蛹。

危害寄主：秋枫、桦、鹅耳枥、山毛榉、栎、粟、橡、山楂、苹果、梨、樱桃、桃、杏、草莓、沙针、泡桐、榆、紫藤、鸡爪槭等植物。

危害症状：幼虫主要危害叶片，食量较大，为害部位呈不规则的缺刻状。

防治方法：① **林业措施**：加强栽培管理，增强树势，提高植株抵抗力；及时清理杂草、枯枝，消灭越冬虫源。② **诱杀**：成虫发生期，用黑光灯等光源诱杀成虫。③ **生物防治**：幼虫大发生时，使用1.8%阿维菌素乳油2000～3000倍液进行喷雾防治。④ **化学防治**：使用25%灭幼脲Ⅲ号悬浮剂1000～1500倍液，或10%吡虫啉可湿性粉剂1500～2000倍液，或80%敌敌畏乳油1000～2000倍液进行喷雾防治。

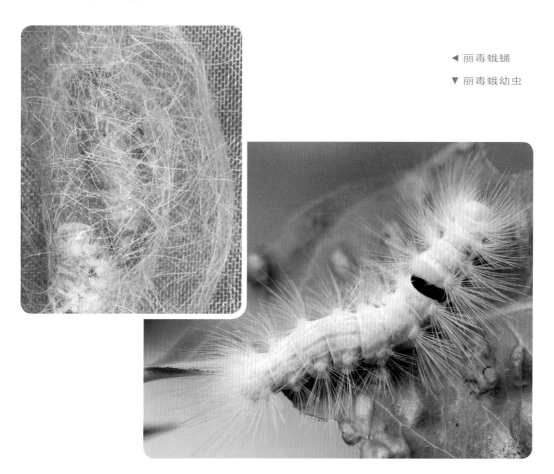

◀ 丽毒蛾蛹

▼ 丽毒蛾幼虫

双线盗毒蛾 （中文别名：棕衣黄毒蛾）
Porthesia scintillans (Walker)

双线盗毒蛾成虫

　　成虫：雌虫体长 9.0 ~ 12.3 毫米，翅展 25.0 ~ 37.3 毫米。雄虫体长 8.0 ~ 11.0 毫米，翅展 20.1 ~ 27.2 毫米。触角黄白色至浅黄色，栉齿黄褐色。复眼黑色，较大。头部和颈板橙黄色，胸部浅黄棕色，腹部黄褐色。足浅黄色。前翅赤褐色，微带浅紫色闪光；内横线与外横线黄色，向外呈弧形；外缘和缘毛黄色部分被赤褐色部分分为三段；后翅黄色。**卵**：黄色至红褐色。扁圆形，中央凸现。宽 0.64 ~ 0.72 毫米，高 0.46 ~ 0.60 毫米。**幼虫**：体长 3.19 ~ 23.5 毫米，头棕褐色至浅褐色，体浅黄色至暗棕色，前胸背板有 3 条黄色纵纹，侧瘤桔红色，向前凸出；中胸背面有 2 条黄色纵纹和 3 条黄色横纹。**茧**：长椭圆形，浅暗红褐色。11.8 ~ 23.6 毫米。**蛹**：椭圆形，黑褐色。长 8.79 ~ 13.8 毫米。臀棘圆锥形，末端着生 26 枚小钩。

生物学特性：一年发生 4 ～ 5 代，以幼虫越冬，但冬季气温较暖时，幼虫仍可取食活动。成虫于傍晚或夜间羽化，有趋光性。卵产在叶背或花穗枝梗上。初孵幼虫有群集性，在叶背取食叶肉，残留上表皮；2 ～ 3 龄幼虫分散危害，常将叶片咬成缺刻、穿孔，或咬坏花器，或咬食刚谢花的幼果。老熟幼虫入表土层结茧化蛹。4 ～ 5 月，幼虫严重危害龙眼、荔枝的花穗和刚谢花后的小幼果，以后各代多危害新梢嫩叶。双线盗毒蛾是一种植食性兼肉食性的昆虫。如在甘蔗上，其幼虫可捕食甘蔗棉蚜；在玉米和豆类上，幼虫既咬食花器，又可捕食蚜虫；而在杧果、龙眼荔枝上，幼虫咬食新梢嫩叶、花器和谢花后的小果。

危害寄主：秋枫、黑荆树、刺槐、枫树、茶、柑橘、梨、黄檀、龙眼、枇杷、白桐、白兰、玉米、棉花和十字花科植物。

危害症状：幼虫咬食新梢嫩叶、花器和谢花后的小果，叶子成大缺刻，甚至食尽全叶，影响植物正常生长；咬食花器和谢花后的小果，造成落花落果影响水果产量。

防治方法：① **人工防治**：结合中耕除草和冬季清园，适当翻松园土，杀死部分虫蛹；也可结合疏梢、疏花，捕杀幼虫。② **化学防治**：用对虫口密度较大的苗圃，在树木开花前后，喷洒 80% 敌敌畏乳油 800 ～ 1000 倍液，或 10% 氯氰菊酯乳油 2500 ～ 3000 倍液，或 80% 敌敌畏乳油 1000 ～ 2000 倍液，或 50% 西维因可湿性粉剂 300 ～ 500 倍液进行喷雾防治。

双线盗毒蛾寄主植物

折带黄毒蛾 （中文别名：柿叶毒蛾、杉皮毒蛾、黄毒蛾）

Euproctis flava (Bremer)

折带黄毒蛾成虫（背面）　　　　　　折带黄毒蛾成虫（侧面）

鳞翅目
Lepidoptera

毒蛾科
Lymantriidae

　　成虫：雄蛾翅展 25 ～ 33 毫米，雌蛾 35 ～ 42 毫米。触角干浅黄色，栉齿棕黄色；下唇须橙黄色。头、胸和腹部浅橙黄色。足浅黄色，前足腿节和胫节浅橙黄色。前翅黄色；内线和外线浅黄色，从前缘外斜至中室后缘，折角后内斜，两线间布棕褐色鳞，形成折带；翅顶区有两个棕褐色圆点；缘毛浅黄色。后翅黄色，基部色浅，缘毛浅黄色。**卵：**直径 0.5 ～ 0.6 毫米；扁圆形，淡黄色。

　　幼虫：体长 30 ～ 40 毫米，头黑褐色，体黄褐色；背线橙黄色，在第 1 ～腹节 3、第 8 腹节、第 10 腹节中段较细，在中、后胸和第 9 腹节处较宽；气门下线橙黄色，瘤暗黄褐色；第 1、2 和第 8 腹节背面有黑色大瘤，瘤上生黄褐色或浅黑褐色长毛；胸足褐色，有光泽；腹足浅黑褐色，有浅褐色长毛。**蛹：**长约 15 毫米，黄褐色，背面被短毛，臀棘末端有钩。

生物学特性：一年发生3代。以幼虫在树洞、落叶层中和粗皮缝中吐丝结薄茧越冬。翌年春季幼虫危害，白天群栖于隐蔽处，傍晚分散取食。6月间化蛹，蛹期约10天。6月下旬可见成虫，成虫昼伏夜出，卵多产在叶背面，卵粒排列整齐，每块卵块卵粒数不等，卵块上面有黄色绒毛，卵期约10天。第3代幼虫孵化不久，随气温下降，于10月中、下旬寻找越冬场所，以3~4龄幼虫越冬。成虫趋光性强。

危害寄主：木麻黄、土沉香、茶树、蔷薇、栎、山毛榉、枇杷、石榴、槭、杉、柏、松等多种植物。

危害症状：幼虫有群集取食叶片和吐丝结网的习性。造成缺刻或孔洞，发生严重时，叶片被食光，枝条嫩皮被啃，影响花木正常生长。

防治方法：① **人工防治**：秋冬季节人工采集卵块。② **林业措施**加强栽培管理，增强树势，提高植株抵抗力。③ **诱杀**：成虫发生期，用黑光灯等光源诱杀成虫。④ **化学防治**：使用25%灭幼脲Ⅲ号悬浮剂1000~1500倍液，或10%吡虫啉可湿性粉剂1500~2000倍液，或10%氯氰菊酯乳油2000~3000倍液，或80%敌敌畏乳油1000~2000倍液进行喷雾防治。

折带黄毒蛾寄主植物

肾毒蛾
（中文别名：豆毒蛾、大豆毒蛾、肾纹毒蛾）

Cifuna locuples (Walker)

鳞翅目
Lepidoptera

毒蛾科
Lymantriidae

肾毒蛾成虫

　　成虫：雄蛾翅展 30 ～ 40 毫米，雌蛾翅展 42 ～ 50 毫米。体色黄褐至暗褐色，后胸和第 2、3 腹节背面各有一黑色短毛束。前翅有 1 条深褐色肾形横脉纹，微向外弯曲，内区布满白色鳞片，内线为一条内衬白色细线的褐色宽带。后翅淡黄带褐色。雌蛾体色比雄蛾稍深，触角长齿状，雄蛾触角羽状。**卵**：半球形，直径 0.9 毫米，淡青绿色。**幼虫**：体长 35 ～ 40 毫米。共 5 龄，体色呈黑褐。头部有光泽，上生褐色次生刚毛。亚背线和气门下线为橙褐色间断的线。前胸背板长有褐色毛，两侧各有一黑色大瘤，上生向前伸的长毛束，其余各瘤褐色，上生白褐色毛。第 1 ～ 4 腹节背面有暗黄褐色短毛刷，第 8 腹节背面有黑褐色毛束。除前胸及第 1 ～ 4 腹节的瘤外，其余各瘤上有白色羽状毛。胸足每节上方白色，跗节有褐色长毛。**蛹**：体长约 20 毫米，红褐色，背面有黄长毛，腹部前 4 节具灰色瘤状突起。

生物学特性：一年发生 3 代，以幼虫在树中下部叶片背面越冬，翌年 4 月开始危害。第 1 代虫于 5 月中旬～6 月下旬发生，第 2 代虫于 8 月上旬～9 月中旬发生。卵期 11 天，幼虫期 35 天左右，蛹期 10～13 天。卵多产在叶背。初孵幼虫集中在叶背取食叶肉。中高龄幼虫分散危害，食叶成缺刻或孔洞。严重时仅留主脉。老熟幼虫在叶背结丝茧化蛹。成虫有趋光性。

危害寄主：小叶榄仁、柳、柿、榉、榆、茶、芦苇、大豆、小豆、绿豆、大白菜、花卉等多种植物和作物。

危害症状：幼虫取食叶肉或咬成缺刻，呈不规则的缺刻状，严重时可造成植株的死亡。

防治方法：① **人工防治**：a．清除在树叶片背面的越冬幼虫，减少虫源。b．在各代幼虫分散为害之前，及时摘除群集为害叶片，清除低龄幼虫秋冬季节人工采集卵块。② **诱杀**：成虫发生期，用黑光灯等光源诱杀成虫。③ **化学防治**：使用 25% 灭幼脲Ⅲ号悬浮剂 1000～1500 倍液，或 10% 吡虫啉可湿性 1500～2000 倍液，或 10% 氯氰菊酯乳油 2000～3000 倍液，或 80% 敌敌畏乳油 1000～2000 倍液进行喷雾防治。

肾毒蛾寄主植物——小叶榄仁

缘点黄毒蛾
Euproctis fraterna (Moore)

缘点黄毒蛾成虫

　　成虫：雄蛾翅展 25 ～ 30 毫米，雌蛾翅展 34 ～ 38 毫米。触角干浅黄色，栉齿棕黄色。下唇须浅黄色。头部浅黄色。胸部和足黄色。前翅黄色，基部微带橙黄色；基线、内线和外线黄白色，不明显，肘状弯曲；中室中央有一橙色圆斑；亚端线由三个黑点组成，其中二个在顶区，一个在臀区。后翅浅黄色，后缘黄色。**幼虫：**头部深红色，体黑色，亚背线白色，第 9 节和第 10 节背部具白色斑点；第 1 节具黑色向前伸的侧毛束，其他各节毛瘤具白色毛丛；第 11 节具黑色背毛束。

生物学特性：一年发生代数不详。以幼虫在落叶层中和粗皮缝中吐丝结薄茧越冬。翌年春季幼虫危害，白天群栖于隐蔽处，傍晚分散取食。成虫趋光性强。

危害寄主：羊蹄甲、梨、蔷薇等植物。

危害症状：幼虫有群集取食叶片习性。造成缺刻或孔洞，发生严重时，叶片被食光，枝条嫩皮被啃，影响花木正常生长。

防治方法：① 人工防治：a. 清除在树叶上的卵块，减少虫源。b. 在各代幼虫分散前摘除群集为害叶片。② 诱杀：成虫发生期，用黑光灯等光源诱杀成虫。③ 化学防治：使用25%灭幼脲Ⅲ号悬浮剂1000～1500倍液，或10%天王星乳油4000～6000倍液，或10%吡虫啉可湿性粉剂1500～2000倍液，或10%氯氰菊酯乳油2000～3000倍液，或80%敌敌畏乳油1000～2000倍液进行喷雾防治。

缘点黄毒蛾寄主植物

漫星黄毒蛾 （中文别名：栎黄毒蛾）

Euproctis plana Walker

漫星黄毒蛾成虫

成虫：雄蛾翅展 38 ~ 45 毫米，雌蛾翅展 54 ~ 58 毫米。体深赭黄色。前翅橙黄色，在中室后方和外方散布棕褐色鳞，横脉纹为黑色长圆形斑。后翅黄色，其后缘有黑色长毛。

幼虫：暗褐色，侧瘤有深红色和白色毛丛，胸部背瘤小，上生白毛丛，腹部第 4 节以后各节背瘤上生褐色绒毛。

漫星黄毒蛾成虫

生物学特性：一年发生代数不详。以幼虫在落叶层中和粗皮缝中吐丝结薄茧越冬。翌年春季幼虫危害，白天群栖于隐蔽处，傍晚分散取食。成虫趋光性强。

危害寄主：榕、栎、杧果、梨等植物。

危害症状：幼虫有群集取食叶片习性。造成缺刻或孔洞，发生严重时，叶片被食光，枝条嫩皮被啃，影响植物正常生长。

防治方法：① 人工防治：秋冬季清除在树叶上的卵块，减少虫源。② 诱杀：成虫发生期，用黑光灯等光源诱杀成虫。③ 化学防治：使用25%灭幼脲Ⅲ号悬浮剂1000～1500倍液，或10%天王星乳油4000～6000倍液，或10%吡虫啉可湿性粉剂1500～2000倍液，或10%氯氰菊酯乳油2000～3000倍液，或80%敌敌畏乳油1000～2000倍液进行喷雾防治。

漫星黄毒蛾成虫寄主植物

茶白毒蛾 （中文别名：茶叶白毒蛾、白毒蛾）

Arctornis alba (Bremer)

茶白毒蛾成虫

鳞翅目
Lepidoptera

毒蛾科
Lymantriidae

成虫：雄蛾翅展 32～37 毫米，雌蛾翅展 40～45 毫米。头部黄白色，额部和触角基部浅黄色。胸部和腹部白色。前翅白色，有光泽，中室顶端有一赭黑色圆点。后翅白色。**卵**：直径约 1 毫米，半圆形，淡绿色，孵化前变蓝紫色。**幼虫**：体长 28～30 毫米，黄褐色，背线黑褐色，内侧黄白色，每节有 8 个瘤状突起，上生白色长毛，并杂有黑色和白色短毛。**蛹**：体长 15 毫米；短纺锤形，鲜绿色，胸腹部有刻点，密生白毛，臀棘末端有钩。

茶白毒蛾成虫

生物学特性：一年发生 3 ~ 4 代，老熟幼虫化蛹在叶反面。每卵块约 2 ~ 17 粒卵。幼虫受惊即坠落。

危害寄主：茶、油茶、柞、蒙古栎、榛等植物。

危害症状：3 龄前幼虫群集在一起咬食叶片。3 龄后分散从叶缘取食。幼虫取食植物叶子，形成缺刻，严重时影响植物正常生长。

防治方法：① **人工防治**：a．摘除卵块和茧。b．利用低龄幼虫集中危害的习性，可摘除被害叶，集中消灭。② **诱杀**：成虫发生期，用黑光灯等光源诱杀成虫。③ **生物防治**：使用青虫菌粉（每克含孢子 100 亿），或苏云金杆菌（每克含孢子 100 ~ 300 亿）喷洒消灭幼虫。④ **化学防治**：3 龄幼虫期前使用 10% 功夫乳油 1500 ~ 2000 倍液，或 80% 敌敌畏乳油 1000 ~ 2000 倍液，或 45% 马拉硫磷乳油 1000 ~ 1500 倍液喷雾。

茶白毒蛾的寄主植物

梨伪瘤蛾
（中文别名：细皮瘤蛾、梨伪毒蛾）
Selepa discigera (Walker)

梨伪瘤蛾成虫

成虫：展翅20～27毫米，雌蛾较大。前翅灰褐色密布黑色的细点，前胸背板隆突，翅面中央有一枚暗褐色近似椭圆形的大斑，斑型占满翅面，内具一枚黑色的横斑。**幼虫：**拟态毒蛾科的幼虫，体表黄色，老熟幼虫体侧各节具黑斑，具细长的白毛，体背前后各有一枚较大的黑斑。

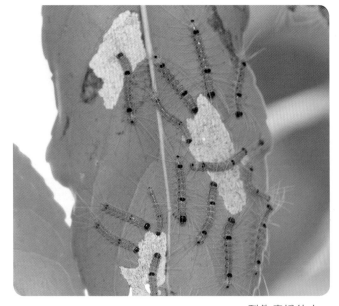

梨伪瘤蛾幼虫

梨伪瘤蛾危害状

生物学特性：老熟幼虫有造粪作茧的习性，主要分布于低海拔山区。低龄幼虫群集叶子上危害，高龄幼虫分散取食。

危害寄主：腊肠树、重阳木、莲雾、秋枫、茄冬、山黄麻、赤楠、野桐等植物。

危害症状：幼虫危害植物叶片，叶片出现大量缺刻，严重时叶子被吃光，严重时影响植物正常生长。

防治方法：① **人工防治**：摘除卵块和茧，利用低龄幼虫集中危害的习性，可摘除被害叶，集中消灭。② **生物防治**：幼虫大发生时，利用青虫菌粉（每克含孢子100亿）、苏云金杆菌（每克含孢子100～300亿）喷雾消灭幼虫。③ **化学防治**：使用25%灭幼脲Ⅲ号悬浮剂1000～1500倍液，或10%吡虫啉可湿性粉剂1500～2000倍液，或80%敌敌畏乳油1000～2000倍液进行喷雾防治。

两色绿刺蛾 （中文别名：竹刺蛾）
Latoria bicolor (Walker)

鳞翅目
Lepidoptera

刺蛾科
Eucleidae

两色绿刺蛾成虫

　　成虫：体长 13 ～ 19 毫米，翅展 30 ～ 44 毫米。头顶、前胸背板绿色，腹部棕黄色。雌虫触角丝状，雄虫触角栉齿状、末端 1/4 为丝状。复眼黑色，下唇须棕黄色，前翅绿色，前缘的边缘、外缘、缘毛黄褐色，在亚外缘线、外缘线上有 2 列棕褐色的小斑点，外缘线上 2 点较大，亚外缘线上可见 4 ～ 6 小斑点。后翅棕黄色。**卵：**椭圆形，扁平。长约 1.4 毫米。初产时淡黄色，后渐变为乳白色，较透明。卵块呈鱼鳞状排列，上覆有透明状薄膜。**幼虫：**老熟幼虫体长 26 ～ 32 毫米。黄绿色，背线青灰色，略紫，较宽，体背每节刺瘤处有 1 个半圆形墨绿色斑，镶入背线内，共 8 对。亚背线蓝绿色，在每节刺激瘤下方各有黑点 1 个，亚背线上及气门线上方各有刺瘤 1 列。前胸节无刺瘤、与头部同缩入中胸下。中、后胸及第 1、7、8 腹节刺瘤特别长。第 8、9 腹节各着生黑色绒球状毛丛一对，每个毛丛外有棕红色刺瘤 1 个。**蛹：**体长 12 ～ 16 毫米，初化时乳白色，后渐变为棕黄色。

生物学特性：一年发生 3 代，以老熟幼虫在表土层茧内越冬。各代幼虫取食期分别为 4 月下旬到 6 月中旬、7 月上旬到 8 月下旬、9 月上旬到 11 月上旬。成虫白天静伏，傍晚及黎明前最为活跃，有趋光性。卵单行或双行呈鱼鳞状排列、产于竹叶背面中脉两侧，每卵块有卵 16 ～ 36 粒。2 龄幼虫与孵自同一卵块的幼虫群聚，或分散为 2 ～ 3 个集团群聚取食，幼虫喜取食新竹竹叶。2 ～ 3 龄后的幼虫可取食全叶，常 10 余头幼虫并列于竹叶背面，头向叶尖一同取食。3 龄以后的幼虫，常 10 余头单行排列、首尾相接、于竹竿上爬行转移，幼虫爬行后留下银白色有光的粘液痕迹，干燥后久久不褪。

危害寄主：竹和茶。

危害症状：幼虫大量取食竹叶。使竹林下年度出笋减少，新竹质量下降，严重危害者可使竹子枯死。

防治方法：① **人工防治**：结合竹林卫生，人工翻出虫茧，集中销毁，减少虫源。② **生物防治**：幼虫大发生时，利用青虫菌粉（每克含孢子 100 亿）、或苏云金杆菌（每克含孢子 100 ～ 300 亿）喷雾消灭幼虫。③ **化学防治**：使用 25% 灭幼脲Ⅲ号悬浮剂 1000 ～ 1500 倍液，或 10% 吡虫啉可湿性粉剂 1500 ～ 2000 倍液，或 80% 敌敌畏乳油 1000 ～ 2000 倍液进行喷雾防治。

两色绿刺蛾幼虫（蓝色型）　　　　　　两色绿刺蛾幼虫（黄绿色型）

丽绿刺蛾 （中文别名：绿刺蛾）
Latoia lepida (Cramer)

丽绿刺蛾成虫

　　成虫：雌成虫体长 10 ~ 11 毫米，翅展 22 ~ 23 毫米；雄成虫体长 8 ~ 9 毫米，翅展 16 ~ 20 毫米。胸背毛绿色。翅绿色，前缘基部有一深褐色斑纹，外缘有褐色带，后缘缘毛长。胸部、腹部及足黄褐色，但前足基部有一簇绿色毛。**卵**：椭圆形，扁平，米黄色。长约 1 毫米，宽约 0.8 毫米。**幼虫**：体近长方形，15 ~ 30 毫米，黄绿色。前胸背中央有 2 个黑点，其余各节均生 4 个刺突，在气门上线上，以第 4、10、11 体节上亚背线的刺突最大。体背第 3 对枝刺有 3 ~ 6 根粗刺，其端部为红色，背线为一绿色纵带，带上有许多深绿色点。**蛹**：长 11 ~ 15 毫米，宽 6 ~ 8 毫米，深褐色。茧棕褐色，坚硬，长卵形，稍扁，上面覆盖灰白的丝状物。

丽绿刺蛾幼虫

生物学特性：一年发生 2 ～ 3 代，以老熟幼虫在树上结茧越冬。成虫于 4 月出现，卵多产于嫩叶的叶背。初孵幼虫只取食叶的下表皮及叶肉组织，留下上表皮。至 5 龄后取食全叶，幼虫早期群集取食，后期分散取食。

危害寄主：竹和茶。

危害症状：以幼虫取食叶片危害。严重发生时将树木叶片吃光，使受害枝条枯萎，影响树木生长。

防治方法：① **人工防治**：冬季落叶后，容易看到该虫在树上的虫茧，可结合修剪摘除虫茧。② **诱杀**：在成虫期可利用黑光灯等光源诱杀成虫。③ **生物防治**：幼虫在 6 ～ 9 月大发生时常流行颗粒体病毒，此时可收集罹病虫尸，研碎用水稀释后喷洒，在林地的幼虫相互传染，可达到防治效果。④ **化学防治**：使用 25% 灭幼脲Ⅲ号悬浮剂 1000 ～ 1500 倍液，或 10% 吡虫啉可湿性粉剂 1500 ～ 2000 倍液，或 80% 敌敌畏乳油 1000 ～ 2000 倍液，或 20% 除虫菊酯乳油 5000 ～ 10000 倍液进行喷雾防治。

丽绿刺蛾幼虫危害状

中国绿刺蛾

（中文别名：中华青刺蛾、绿刺蛾、苹绿刺蛾、小青刺蛾）

Latoia sinica Moore

中国绿刺蛾幼虫

　　成虫：体长约 12 毫米，翅展 21 ～ 28 毫米；头顶和胸背绿色，腹背灰褐色，末端灰黄色。前翅绿色，基部灰褐色斑在中室下缘呈三角形，外缘灰褐色带，向内弯，呈齿形曲线。后翅灰褐色，臀角稍带淡黄褐色。**卵：**长约 1.5 毫米，卵块呈块状鱼鳞形，单粒卵扁平椭圆形，初产时稍带蜡黄色，孵化前变深色。**幼虫：**体长 16 ～ 20 毫米，绿色。老熟幼虫具红色粗背线，两侧具蓝边及黄白色宽边，体背在中后胸有一对黄色枝刺，上生黑刺，体侧也有一列黄色枝刺，并混生黑刺。**蛹：**长 13 ～ 15 毫米，莲子形。初为乳白色，羽化前为黄褐色。**茧：**扁椭圆形，棕褐色。

生物学特性：一年发生2代。以老熟幼虫在松土层中结茧越冬。翌年5月化蛹，成虫分别于5月下旬至6月上旬和8月上旬出现，少数有3代。卵多产在叶背，少数产在叶表面卵块含卵30～50粒。初龄幼虫有群集性。1龄在卵壳上不食不动，2龄以后幼虫食叶成网状，老龄幼虫食叶呈缺刻。老熟幼虫在被害株基部松土层中结茧。夏季第1代也有少数在枝叶上结茧。

危害寄主：桉树、柑橘、黄檀、乌桕、茶、枫、枣、枇杷、油桐、梧桐、槭属、桑、杨、栀子、刺槐、石榴以及蔷薇科等多种植物。

危害症状：幼虫啃食寄主植物的叶，造成缺刻或孔洞，严重时常将叶片吃光。初龄幼虫群集食害叶肉，造成网状，稍后，蚕食叶片，严重影响树势生长

防治方法：① **人工防治**：可在被害株附近松土层中搜捕虫茧，集中处理。② **诱杀**：在成虫期可利用黑光灯等光源诱杀成虫。③ **化学防治**：使用25%灭幼脲Ⅲ号悬浮剂1000～1500倍液，或10%吡虫啉可湿性粉剂1500～2000倍液，或80%敌敌畏乳油1000～2000倍液，或20%除虫菊酯乳油5000～10000倍液进行喷雾防治。

中国绿刺蛾幼虫

桑褐刺蛾

（中文别名：褐刺蛾、八角丁、毛辣子、八角虫）

Setora postornata (Hampson)

桑褐刺蛾黄色型幼虫

成虫：体长约15毫米，灰褐色。雌虫触角线状，雄虫双栉齿状，端部1/2渐短。前翅中部有"八"字形斜纹把翅分成3段；内、外线深褐色，前缘中央至后缘基部弧形，外线直，外侧衬铜色闪斑，在臀角处梯形，两线内侧浅灰色，衬影带状。后翅深褐色，前足腿节有银白色斑1个。雌蛾体色和斑纹均较雄蛾淡。**卵：**扁长，椭圆形，壳极薄，初黄色，半透明。**幼虫：**老熟幼虫体长约25毫米，圆筒形，黄绿色。背线较宽，天蓝色，每节每侧具黑点2个。亚背线和枝刺均具黄色型和红色型两类。体侧各节有天蓝色斑1个，镶淡色黄边，斑四角各有黑点1个。中、后胸和第4、7腹节背面各有粗大枝刺1对，其余各节枝刺均较短小。后胸至第8腹节没端接气门上线着生长短均匀的枝刺1对，各枝刺有端部棕褐色的尖刺毛。**蛹：**卵圆形，黄至褐色。**茧：**广椭圆形，灰黄色，面光滑，质脆薄。

生物学特性：一年发生 2 ~ 4 代，以老熟幼虫在土中结茧越冬。3 代成虫在 5 月下旬、7 月下旬、9 月上旬出现。成虫夜间活动，有趋光性，卵多成块产在叶背，每雌产卵约 300 粒。幼虫孵化后在叶背群集并取食叶肉，半个月后分散危害，取食叶片。老熟后入土结茧化蛹。

危害寄主：桉树、樱花、梨、栗、柿、桑、茶、柑橘等多种植物。

危害症状：低龄幼虫聚集危害、中高龄幼虫分散危害，啃食叶片，造成缺刻、孔洞，严重时全叶吃光，影响林木等生长。

防治方法：① **人工防治**：处理幼虫，及时摘除群集低龄幼虫枝、叶，加以处理；也可采取树干绑草等方法清除树干下行的老熟幼虫；清除越冬虫茧；对越冬场所采用敲、挖、剪除等方法清除虫茧。② **诱杀**：成虫羽化期用黑光灯等光源诱杀。③ **化学防治**：使用 80% 敌敌畏乳油 1000 ~ 2000 倍液，或 50% 马拉硫磷乳油 1000 ~ 2000 倍液，或 20% 氰戊菊酯乳油 2000 ~ 3000 倍液喷雾。

桑褐刺蛾的寄主植物

黄刺蛾 （中文别名：麻叫子、痒辣子、毒毛虫、洋辣子、八角）

Cnidocampa flavescens (Walker)

黄刺蛾幼虫

成虫：体长 10 ~ 13 毫米。体黄褐色。前翅上有 2 条倒 "V" 字形的斜线，为其内侧黄色与外侧褐色的分界线。后翅黄、黄褐色。**卵：**长约 1.5 毫米，淡黄色，扁平，椭圆形，一端略尖，薄膜状，其上有网状纹。**幼虫：**老熟幼虫体长约24毫米，黄绿色，圆筒形。头隐于前胸下方。前胸有黑褐点 1 对。体背约两头宽，中间具窄的鞋底状紫红色斑纹。自第 2 腹节起各体节有枝刺 2 对，第 3、4、10 节各对枝刺特别大，枝刺上有黄绿色毛，体侧有均衡枝刺 9 对，各节有瘤状突起，上有黄毛。气门上线淡青色，气门下线淡黄色。**蛹：**短粗，椭圆形，离蛹，黄褐色。**茧：**灰白色，椭圆形，表面有黑褐色纵条纹，质地坚硬。

黄刺蛾幼虫

生物学特性：一年发生2代，以前蛹在枝干上的茧内越冬。5月上旬开始化蛹，5月下旬～6月上旬羽化，第1代幼虫于6月中旬～7月上中旬发生，第1代成虫7月中下旬始见，第2代幼虫危害盛期在8月上中旬，8月下旬开始老熟结茧越冬。7～8月间高温干旱，黄刺蛾发生严重。卵散产于叶背，卵期约6天，低龄幼虫取食叶肉，使叶片呈网状，高龄幼虫取食叶片，使叶片呈缺刻状，仅留叶脉，幼虫期为30天。

危害寄主：竹节树、龙眼树、荷木、白兰、红叶李、悬铃木、梅、海棠、月季、石榴、桂花、樱花、槭属、杨、柳、榆等植物。

危害症状：幼虫啃食叶片，造成缺刻、孔洞，严重时全叶吃光，影响林木等生长。

防治方法：① **人工防治**：冬季人工摘除越冬虫茧，集中处理。② **诱杀**：成虫期用黑光灯等光源诱杀。③ **化学防治**：在幼虫盛发期，使用80%敌敌畏乳油1000～1200倍液，或50%辛硫磷乳油1000～1500倍液，或50%马拉硫磷乳油1000～1500倍液，或20%氰戊菊酯乳油2000～3000倍液进行喷雾防治。

黄刺蛾的寄主植物

扁刺蛾 （中文别名：黑刺蛾、洋黑点刺蛾、辣子）

Thosea sinensis (Walker)

扁刺蛾幼虫

成虫：雌虫体长 16.5 ~ 17.5 毫米，雄虫体长 14 ~ 16 毫米。体灰褐色。前翅灰褐色带紫色，自前缘近中部向后缘有 1 条褐色线，线内侧具淡色带。后翅暗灰褐色。**卵：**扁平，椭圆形，淡黄绿色，长 1.4 ~ 1.5 毫米。**幼虫：**老熟幼虫扁平、长圆形，体长 19 ~ 25 毫米，淡鲜绿色，背部有白色背线贯穿头尾，两侧有橘红色小点，背侧各节枝刺不发达，体侧枝刺发达。**蛹：**近纺锤形，黄褐色。**茧：**暗褐色，近似圆球形，坚硬，直径 10 ~ 15 毫米。

扁刺蛾幼虫

生物学特性：一年发生 2 代。以老熟幼虫在土中结茧越冬。越冬幼虫 4 月中旬化蛹，成虫 5 月中旬至 6 月初羽化。成虫有强趋光性。第 1 代幼虫发生期为 5 月下旬至 7 月中旬；第 2 代幼虫发生期为 7 月下旬至 9 月底。卵多散产于叶面。幼虫期共 8 龄，幼虫自 6 龄起，取食全叶，虫量多时，常从一枝的下部叶片吃至上部，每枝仅存顶端几片嫩叶。老熟后即下树入土结茧。

危害寄主：秋枫、桉树、珊瑚树、悬铃木、香樟、乌桕、枫香、桂花、泡桐、石榴、西府海棠、紫荆、紫薇、月季、牡丹、栀子、大叶黄杨等多种树种。

危害症状：以幼虫蚕食植株叶片，低龄啃食叶肉，稍大食成缺刻和孔洞，严重时食成光秆，致树势衰弱，造成严重减产。

防治方法：① **林业措施**：结合冬耕施肥，将根际落叶及表土埋入施肥沟底，扼杀越冬虫茧。② **诱杀**：成虫发生期用黑光灯等光源诱杀。③ **生物防治**：喷施每毫升 0.5 亿个孢子青虫菌菌液。④ **化学防治**：a．在卵孵化盛期和幼虫低龄期喷洒 25% 灭幼脲Ⅲ号 1500 ～ 2000 倍液。b．使用 50% 马拉松乳油 1000 ～ 1500 倍液，或 80% 敌敌畏乳油 1500 ～ 2000 倍液，或 20% 除虫菊酯乳油 5000 ～ 10000 倍液进行喷雾防治。

被扁刺蛾危害的蒲桃树

锈扁刺蛾 （中文别名：三色刺蛾）

Thosea rufa Wileman

锈扁刺蛾幼虫

锈扁刺蛾幼虫

成虫：翅展 21—24 毫米。身体和前翅红褐色；前翅有一清晰的灰白色外线，内衬暗褐边，从前缘 3/4 处直向后斜伸至后缘 2/3 处，末端线暗褐色，在前缘几乎与外线同一点出发，稍向内屈伸至 2 脉末端，末端线以外的外缘区蒙有一层灰白色，横脉纹为一黑色小圆点。后翅暗灰褐色。**幼虫：**体色黄绿色个体，体背具镶紫边的橙色纵带，体侧及刺突黄色或绿色。早龄幼虫黄色。

锈扁刺蛾幼虫

生物学特性： 一年发生代数不详。以老熟幼虫在寄主树干周围土中结茧越冬。成虫5月中旬至6月初羽化，成虫有趋光性。初孵化的幼虫停息在卵壳附近，先取食卵壳，大龄幼虫不分昼夜取食全叶，虫量多时，常从一枝的下部叶片吃至上部，每枝仅存顶端几片嫩叶。

危害寄主： 罗汉松、桂花等植物。

危害症状： 以幼虫蚕食植株叶片，低龄啃食叶肉，稍大龄时将叶片食成缺刻和孔洞状，严重时食成光秆，致树势衰弱，造成严重减产。

防治方法： ① **林业措施：** 结合冬耕施肥，将根际落叶及表土埋入施肥沟底，扼杀越冬虫茧。② **诱杀：** 成虫发生期用黑光灯等光源诱杀。③ **生物防治：** 喷施每毫升0.5亿个孢子青虫菌菌液。④ **化学防治：** a. 在卵孵化盛期和幼虫低龄期喷洒25%灭幼脲Ⅲ号1500～2000倍液。b. 使用50%马拉松乳油1000～1500倍液，或80%敌敌畏乳油1500～2000倍液，或20%溴灭菊酯乳油3000～4000倍液进行喷雾防治。

锈扁刺蛾的寄主植物

大蓑蛾

（中文别名：大窠蓑蛾、南大蓑蛾、大袋蛾、避债蛾、袋袋虫、背包虫）

Cryptothelea variegata Snellen

大蓑蛾蓑囊　　　　　　　　　　大蓑蛾蓑囊

成虫：雌雄异形。雌成虫无翅。体长约22～27毫米，肥胖、白色、蛆状足与翅退化。腹部第7、8节间具环状黄色茸毛。体壁薄，在体外能看到腹内卵粒。雄成虫体长15～20毫米，深褐色，翅展26～33毫米。前翅近外缘有4～5个透明斑。**卵：**椭圆形，淡黄色，长0.8毫米。

幼虫：在结成的囊中生活。黑褐色，体长约35毫米，少斑纹，从3龄起，雌雄虫幼虫明显异型。雌幼虫头部深棕色，头顶有环状斑；亚背线、气门上线附近具大型赤褐斑，腹部背面黑褐色，各节表面有纵纹。雄虫体小，黄褐色，头部蜕裂线及额缝白色。**蛹：**雌蛹形似蝇类围蛹，枣红色，头、胸及附属器均消失；雄蛹为被蛹，赤褐色，腹末有臀刺1对，小而弯曲。**蓑囊：**蓑囊呈纺锤形。蓑囊上常有较大的碎片和小枝条，排列不整齐。

生物学特性：一年发生2代，以老熟幼虫在护囊中越冬。翌年5月中下旬后幼虫陆续化蛹，6月上旬至7月中旬成虫羽化并产卵。第1代幼虫于6～8月发生，7～8月危害最重。第2代的越冬幼虫在9月间出现，冬季前危害较轻。雄蛾喜在傍晚或清晨活动，靠性引诱物质寻找雌蛾，将腹部交尾器伸入护囊进行交尾，产卵于囊内。每雌平均产676粒，个别高达3000粒。幼虫孵化后先取食卵壳，后爬上枝叶或飘至附近枝叶上，吐丝粘缀碎叶或少量枝梗贴作囊护身并开始取食。取食迁移时负囊活动，有明显忌避性和较强耐饥性。幼虫具趋光性，故多聚集于树枝梢头上危害。幼虫老熟后在护囊里倒转虫体化蛹在其中。雄成虫有趋光性。

危害寄主：罗汉松、桉树、肉桂、秋枫、台湾相思、枫香、月季、海棠、蔷薇、梅、牡丹、芍药、唐菖蒲、美人蕉、山茶、栀子花、悬铃木、银桦、侧柏、杜鹃花、水杉、雪松、广玉兰等200多种植物。

危害症状：幼虫集中危害，取食叶片、嫩枝皮及幼果，短期内能将叶片吃光，残留枝条，越冬前固定护囊时，常将小枝树皮啃食，致使小枝树叶发黄或枯死。

防治方法：① **人工防治**：秋、冬季摘除越冬护囊，集中烧毁。② **林业措施**：结合冬耕施肥，将根际落叶及表土埋入施肥沟底，扼杀越冬虫茧。③ **诱杀**：成虫发生期用黑光灯等光源诱杀。④ **生物防治**：喷施每毫升0.5亿个孢子青虫菌菌液。⑤ **化学防治**：a．在卵孵化盛期和幼虫低龄期喷洒25%灭幼脲Ⅲ号1500～2000倍液。b．使用50%马拉松乳油1000～1500倍液，或80%敌敌畏乳油1500～2000倍液，或20%溴灭菊酯乳油3000～4000倍液进行喷雾防治。

大蓑蛾幼虫

茶蓑蛾 （中文别名：小窠蓑蛾、小蓑蛾、负囊虫、布袋虫）
Cryptothelea minuscula (Butler)

鳞翅目
Lepidoptera

蓑蛾科
Psychidae

茶蓑蛾蓑囊

茶蓑蛾蓑囊

成虫：雌雄异型。雌成虫无翅，体长12～16毫米，蛆形，肥胖，头小，生1对刺突。雄虫体长11～15毫米，翅展22～30毫米。体和翅均深褐色，触角羽状，前翅近翅尖处和外缘近中央处各有一透明长方形斑。**卵：**椭圆形，乳黄白色，长约0.8毫米。**幼虫：**老熟幼虫体长10～26毫米。各胸节亚背线及中后胸气门上线有褐色纵带，带间玉白色。**蛹：**雌蛹锤形，深褐色，头小，胸部弯曲，体长14～18毫米。雄蛹褐色，体长11～13毫米，腹部弯曲成钩状，臀棘各1对，短而且弯曲。

茶蓑蛾蓑囊

生物学特性：一年发生3代。4～5月，7～8月是第1、2次危害高峰期，8月下旬为盛蛹期，9月上旬为羽化、产卵盛期，第3代幼虫于9月中旬大量孵出，危害到11月中下旬，以老熟幼虫越冬。成虫羽化常在下午。次晚交配产卵。

危害寄主：茶、樟树、桉树、荷木、台湾相思树、金钱松、羊蹄甲、紫薇、月季、南天竹、悬铃木、重阳木、杨、柳等多种植物。

危害症状：幼虫吃叶成孔洞，并啃食小枝的皮层，发生严重时，护囊挂于满树枝梢上。叶片全部被吃光，影响植株生长，降低观赏价值。

防治方法：① **人工防治**：秋、冬季摘除越冬护囊，集中烧毁。② **林业措施**：结合冬耕施肥，将根际落叶及表土埋入施肥沟底，扼杀越冬虫茧。③ **诱杀**：成虫发生期用黑光灯等光源诱杀。④ **生物防治**：在幼虫孵化高峰期或幼虫危害期，用每毫升含1亿孢子的苏云金杆菌溶液喷洒。⑤ **化学防治**：a．在卵孵化盛期和幼虫低龄期喷洒25%灭幼脲Ⅲ号1000～1500倍液。b．使用50%马拉松乳油1000～1500倍液，或80%敌敌畏乳油1500～2000倍液，或20%溴灭菊酯乳油3000～4000倍液进行喷雾防治。

茶蓑蛾的寄主植物——台湾相思

黛蓑蛾 （中文别名：油桐蓑蛾）
Dappula tertia Templeton

黛蓑蛾蓑囊

黛蓑蛾蓑囊

成虫：雄蛾体长 15 ~ 18 毫米，翅展 30 ~ 35 毫米。体、翅灰黑色，前翅中室顶端和径脉外有黑色长斑 2 个，顶角较突出。后翅暗灰褐色，翅脉棕色。雌虫蛆状，头小，无翅无足，体长 14 ~ 24 毫米，淡黄色，胸背隆起，深褐色。**卵：**长 0.7 ~ 0.8 毫米，椭圆形，米黄色。**幼虫：**成熟幼虫体长 23 ~ 30 毫米，胸部背板黑褐色，前、中胸背面中线白色，两侧各有 1 条白色长斑，组成"八"字形，腹部黑色，各节有许多横皱纹。**蛹：**雌蛹体长 12 ~ 17 毫米，深褐至黑褐色，腹背第 3、4 节后缘，第 5、6 节前、后缘和第 7 ~ 9 节前缘各有小刺 1 列。雌蛹体长 14 ~ 25 毫米，深褐色，胸部、腹部第 1 ~ 5 节背面中央有 1 条纵脊，腹背第 2 ~ 5 节后缘和第 6 ~ 8 节前缘各有小刺 1 列。**蓑囊：**长 22 ~ 50 毫米，长锥形，褐色至红褐色，囊外附有破碎叶片，有时黏附半叶或全叶，质地致密柔韧。

生物学特性：一年发生 1 代，以老熟幼虫在护囊内越冬。翌春 2 月中、下旬为化蛹盛期，3 月中、下旬为羽化盛期，3 月下旬至 4 月上旬为产卵盛期。卵期 15 ～ 20 天，4 月中、下旬为幼虫孵化盛期。6 ～ 7 月危害最重。10 月下旬以后陆续进入越冬。每雌产卵 1500 ～ 2000 粒，卵产于雌成虫护囊内蛹壳中。越冬时幼虫先用丝将护囊绕固在寄主枝条上。

危害寄主：桉树、大叶相思、竹节树、蒲葵、秋枫、肉桂、樟树、油桐、油茶、龙眼、荔枝、杧果、柑橘、枇杷、柿子、八角、板栗、人心果、蝴蝶果、人面果、桃花心木、灰木莲等林木和果树。

危害症状：初龄幼虫啃食叶肉，残留外表皮，受害叶上出现许多不规则形透明斑。2 龄幼虫以后可把叶片吃成孔洞或缺刻，有时残留叶脉，食料缺乏时还能食害嫩梢树皮。害虫大发生时，能把整株或局部林分的叶片吃光，严重影响林木生长。

防治方法：① **人工防治**：秋、冬季摘除越冬护囊，集中烧毁。② **诱杀**：成虫发生期用黑光灯等光源诱杀。③ **生物防治**：在幼虫孵化高峰期或幼虫危害期，用每毫升含 1 亿孢子的苏云金杆菌溶液喷洒。④ **化学防治**：a．在卵孵化盛期和幼虫低龄期喷洒 25% 灭幼脲Ⅲ号 1000 ～ 1500 倍液。b．使用 50% 马拉松乳油 1000 ～ 1500 倍液，或 80% 敌敌畏乳油 1500 ～ 2000 倍液，或 20% 溴灭菊酯乳油 3000 ～ 4000 倍液进行喷雾防治。

黛蓑蛾危害状

白囊蓑蛾 （中文别名：油桐蓑蛾）
Chalioides kondonis Kondo

白囊蓑蛾蓑囊   白囊蓑蛾蓑囊

鳞翅目
Lepidoptera

袋蛾科
Psychidae

　　成虫：雄蛾体长13毫米，翅展18～24毫米，体淡褐色，触角黑褐色。腹部各体节有许多褐色毛，翅透明，后翅基部密布白色毛。雌成虫体长9～14毫米，黄白色，但在体末2节呈荸荠状，表面长有许多栗褐色天鹅绒毛。**卵：**椭圆形，长约0.4毫米，黄白色。**幼虫：**老熟幼虫体长30毫米，较细长；头褐色，多黑色点纹；胸部背板灰黄白色，两侧各纵列有3行暗褐色斑纹；中、后胸背板沿中线各分为2块；腹部淡黄或略带灰褐色，各节上都有暗褐色小点，呈规则排列。**蛹：**雄蛹体长10～12毫米，浅赤褐色，翅芽伸至第3腹节中部，第7、8腹节前缘中部各有一横列小齿。雌蛹体长15～18毫米，呈蛆蛹状，体淡褐色，头淡黄色，两眼点明显可见，第2～第5腹节后缘各有一横列小齿，第7节前缘中部也有一较短横列小齿。**蓑囊：**细长，纺锤形，雄囊长30毫米，雌囊长38毫米，灰白色，全系丝质，织结紧密，囊外不附有任何枝叶。

生物学特性：一年发生1代，以幼虫在茧囊内越冬，翌年春继续危害。广州地区化蛹始于4月上旬，盛期4月中下旬；成虫羽化始于4月下旬，盛期为5月中下旬，最迟的延至8月下旬，幼虫7月中旬至8月中旬孵出，11月上中旬陆续进入越冬期。雌虫将卵成堆产于母虫茧囊内蛹壳底部，幼虫及蛹在茧囊中，护囊悬挂于枝叶上。

危害寄主：桉树、紫荆、柑橘、苹果、龙眼、荔枝、枇杷、杧果、核桃、椰子、梨、柿、枣、栗、茶树、油茶、大豆、油桐、扁柏、乌桕、松、杨、榆、白千层、台湾相思、紫荆、紫薇、樟树、羊蹄甲、柏、刺槐、女贞、枫杨、凤凰木、黄花槐、金合欢、麻叶绣球等植物。

危害症状：幼虫负护囊爬行取食叶、枝皮。发生严重时，能将全树叶片吃光，影响生长和观赏。

防治方法：① **人工防治**：秋、冬季摘除越冬护囊，集中烧毁。② **诱杀**：成虫发生期用黑光灯等光源诱杀。③ **生物防治**：在幼虫孵化高峰期或幼虫危害期，用每毫升含1亿孢子的苏云金杆菌溶液喷洒。④ **化学防治**：a．在卵孵化盛期和幼虫低龄期喷洒25%灭幼脲Ⅲ号1000～1500倍液。b．使用50%马拉松乳油1000～1500倍液，或80%敌敌畏乳油1500～2000倍液，或20%溴灭菊酯乳油3000～4000倍液进行喷雾防治。

白囊蓑蛾危害状

螺纹蓑蛾 （中文别名：螺旋蓑蛾、儿茶大袋蛾）
Clania crameri Westwood

螺纹蓑蛾蓑囊

鳞翅目
Lepidoptera

蓑蛾科
Psychidae

成虫：雌雄虫异形。雌虫无翅，体长11毫米，乳白色，似蛆形，足退化，体壁很薄。雄虫，体长9～10毫米，翅展约33毫米，棕褐色，前、后翅皆灰棕色，前翅翅脉间常带有灰白色，外缘有3个白色斑。**幼虫：**体长6～8毫米，头部黄褐色，具棕黑色条斑。体污白至淡棕褐色，各节背面有黑褐色点斑，分界线不明显，多皱纹。前胸气门包围于斑块中。背中线较暗，第8、9腹节黑褐色。臀板黑褐色，有3对刚毛，腹足白色。**蓑囊：**30～40毫米，长条状，囊外粘贴有长短粗细较一致的小枝梗或草秆，整齐斜列呈4层螺旋状。

螺纹蓑囊

生物学特性：一年发生1代，以老熟幼虫在袋囊内越冬。翌年4~5月，越冬老熟幼虫在袋囊中调头向下，未羽化的则继续取食。7月上旬至8月化蛹，7月下旬至8月底羽化，8月上中旬至9月上旬幼虫陆续孵出危害。最后1次蜕皮化蛹，蛹头向着排泄孔，以利成虫羽化爬出袋囊。羽化时间常在下午或晚上，雌虫羽化后仍留袋内，雄虫羽化后，次晨或傍晚与雌虫交配。交尾后，雌虫产卵于蛹壳内，并将尾端绒毛覆盖在卵上。每雌产卵量一般100~200粒，经15~18天孵化为幼虫。幼虫吐丝下垂，并吐丝缠绕身体织袋囊。越冬前将袋囊以丝缠牢固定挂于枝上，袋口用丝封闭越冬。

危害寄主：木麻黄、樟树、茶、油茶、马尾松、板栗、油桐等多种植物。

危害症状：幼虫主要嚼食叶片、嫩枝皮及幼果。大发生时，几天能将叶片吃尽，残存秃枝光杆，严重影响树势和开花结实，使枝条枯萎或整株枯死。

防治方法：① **人工防治**：冬季清园，以人工摘除越冬袋囊烧毁，以减少虫源。② **诱杀**：成虫发生期用黑光灯等光源诱杀。③ **生物防治**：喷洒克含孢子100亿的青虫菌或每克含1亿活孢子的杀螟杆菌进行生物防治。注意保护寄生蜂等天敌昆虫。④ **化学防治**：a．在卵孵化盛期和幼虫低龄期喷洒25%灭幼脲Ⅲ号1000~1500倍液。b．使用50%马拉松乳油1000~1500倍液，或80%敌敌畏乳油，或50%辛硫磷乳油1500~2000倍液，或20%溴灭菊酯乳油3000~4000倍液进行喷雾防治。

螺纹蓑蛾的寄主植物

蜡彩蓑蛾 （中文别名：尖壳袋蛾）

Chalia larminati Heylaerts

蜡彩蓑蛾

　　成虫：雌蛾体长 6 ～ 8 毫米，翅展 18 ～ 20 毫米。头、胸部灰黑至黑色，腹部银白色。前翅基部白色，前缘灰褐色，其余部位黑褐色。后翅白色，前缘灰褐色。雌虫蛆状，无翅无足，体长 13 ～ 20 毫米，宽 2 ～ 3 毫米，圆筒形或长圆筒形，黄白色。**卵**：椭圆形，米黄色，长 0.5 ～ 0.7 毫米。**幼虫**：成熟幼虫体长 16 ～ 25 毫米，宽 2 ～ 3 毫米，头部或各胸节、背中线、腹节毛片及第 8 ～ 10 腹节背面均呈灰黑色，其余部位黄白色。**蛹**：雌蛹体长 15 ～ 23 毫米，宽 2.5 ～ 3.0 毫米，长圆筒形，全体光滑，头部、胸部和腹部末节背面黑褐色，其余部位黄褐色。雄蛹体长 9 ～ 10 毫米，头部、胸部、触角、足、翅芽以及腹部背面黑褐色，腹部腹面及腹部背面节间灰褐色；腹部第 4 ～ 8 节背面前缘和第 6 ～ 7 节后缘各有 1 列小刺。**蓑囊**：尖圆锥形或长铁钉形，灰褐色至灰黑色，由纯丝织成，质地坚韧。蓑囊末端尖，有 3 ～ 5 条纵裂。雌囊长 27 ～ 51 毫米，雄囊长 25 ～ 35 毫米。囊外无碎叶或枝梗。

生物学特性：一年发生1代，以老熟幼虫在护囊内越冬。翌年2月中、下旬达化蛹盛期，3月上、中旬为成虫羽化盛期，3月下旬至4月上旬为交尾产卵盛期。卵产于雌囊内蛹壳中，每雌产卵160～500粒。4月下旬至5月上旬为幼虫孵化盛期，幼虫从护囊末端裂口处爬出，吐丝下垂，随风传播，几小时后即吐丝绕缠自身胸部，咬取枝叶表皮碎片做囊护体。随幼虫长大，护囊随之加长加宽。雌成虫一生都在护囊内。雄幼虫有7龄，雌幼虫有8龄。每年6～10月是幼虫危害盛期。

危害寄主：桉树、蒲桃、台湾相思、荷木、板栗、柿、龙眼、荔枝、杧果、波罗蜜、柑橘、苹果、橄榄、蝴蝶果等多种林木和果树。

危害症状：幼虫主要嚼食叶片、嫩枝皮及幼果。大发生时，几天能将叶片吃尽，残存秃枝光杆，严重影响树势和开花结实，使枝条枯萎或整株枯死。

防治方法：① **人工防治**：冬季清园，以人工摘除越冬袋囊烧毁，以减少虫源。② **诱杀**：成虫发生期用黑光灯等光源诱杀。③ **生物防治**：喷洒克含孢子100亿的青虫菌或每克含1亿活孢子的杀螟杆菌进行生物防治。注意保护寄生蜂等天敌昆虫。④ **化学防治**：a．在卵孵化盛期和幼虫低龄期喷洒25%灭幼脲Ⅲ号1000～1500倍液。b．使用50%马拉松乳油1000～1500倍液，或80%敌敌畏乳油，或50%辛硫磷乳油1500～2000倍液，或20%溴灭菊酯乳油3000～4000倍液进行喷雾防治。

蜡彩蓑蛾危害状

蝶形锦斑蛾 （中文别名：蝶形环锦斑蛾、黑脉黄斑蛾）

Cyclosia papilionaris Drury

蝶形锦斑蛾雄成虫

蝶形锦斑蛾雌成虫

成虫：成虫雌雄异形。雄蛾翅展41毫米，雌蛾翅展57毫米。雄蛾体黑绿色无闪光；前翅紫褐色，翅外缘有一白色斜斑，由脉纹分隔成两个；后翅顶端褐色，基部稍绿，翅顶有三个白斑。雌蛾体蓝黑色，胸部有白斑，腹部有白环带，翅白色略淡黄，翅脉紫黑，前翅沿前缘蓝色。野外雌蛾比雄蛾更容易见到。

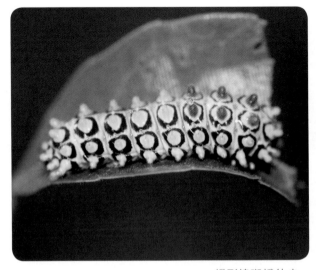

蝶形锦斑蛾幼虫

生物学特性：成虫喜在矮树林外开旷地方飞翔似蝶。成虫 4 月至 9 月均可采到。资料稀缺，生物学特性不详。

危害寄主：银柴、潺稿树、茄科、芸香科植物。

危害症状：幼虫危害银柴严重，也危害茄科、芸香科植物。大量取食树叶，严重时叶片被吃光。

防治方法：① **人工防治**：冬季清园，以人工摘除越冬袋囊烧毁，以减少虫源。② **诱杀**：成虫发生期用黑光灯等光源诱杀。③ **生物防治**：喷洒克含孢子 100 亿的青虫菌或每克含 1 亿活孢子的杀螟杆菌进行生物防治。注意保护寄生蜂等天敌昆虫。④ **化学防治**：a．在卵孵化盛期和幼虫低龄期喷洒 25% 灭幼脲Ⅲ号 1000 ～ 1500 倍液。b．使用 50% 马拉松乳油 1000 ～ 1500 倍液，或 80% 敌敌畏乳油，或 50% 辛硫磷乳油 1500 ～ 2000 倍液，或 20% 溴灭菊酯乳油 3000 ～ 4000 倍液进行喷雾防治。

蝶形锦斑蛾危害状

重阳木帆锦斑蛾 （中文别名：重阳木斑蛾）

Histia rhodope Cramer

重阳木帆锦斑蛾成虫

鳞翅目
Lepidoptera

斑蛾科
Zygaenidae

　　成虫：雄蛾翅展 47～54 毫米，雌蛾翅展 61
～64 毫米。头小，红色，有黑斑。触角黑色，齿状
前胸背板褐色，前、后端中央红色。中胸背面黑褐
色，前端红色，近后端有 2 个红色斑纹，或连成 "U"
字形。前翅黑色，反面基部有蓝光。后翅由基部至
翅室近端部蓝绿色。腹部红色，有 5 列黑斑。**卵**：
圆形，略扁，表面光滑。黄色至浅灰色。**幼虫**：体
长 22～24 毫米，肉黄色，背线浅黄色。从头至腹
末节在背线上每节有椭圆形一大一小的黑斑；亚背
线上每节各有椭圆形黑斑 1 枚，在背线、亚背线上
黑斑两端具有肉黄色小瘤，在气门下线每节生有较
长的肉瘤。**蛹**：头部暗红色，复眼、触角、胸部及足、
翅黑色。腹部桃红色。**茧**：丝质，白色或略带淡褐色。

重阳木帆锦斑蛾蛹

生物学特性：一年发生 4 代，以老熟幼虫在树皮、树洞、墙缝、石块下等处结茧过冬。第 4 代幼虫于 10 月下旬至 11 月中旬陆续蛰伏过冬。全年以第 2、3 代危害最烈。各代历期为：第 1 代 54 天，第 2 代 43 天，第 3 代 41 天，第 4 代 247 天。成虫日间在寄主树冠或其他植物丛上飞舞，卵产于寄主叶背。低龄幼虫群集叶背，并吐丝下垂，借风力扩散危害，长大后分散取食枝叶。老熟幼虫部分在叶面结茧化蛹，部分吐丝垂地，在枯枝落叶间结茧。

危害寄主：重阳木、秋枫等植物。

危害症状：主要危害重阳木，幼虫吃光树叶，严重时只剩中脉。

防治方法：① **林业措施**：清理枯枝落叶，消灭越冬各虫态并在越冬前对树干涂白。② **生物防治**：大发生年份的后期群体常受多种天敌寄生，其中卵寄生蜂第二代寄生率达 27.7% 以上；绒茧蜂寄生于幼虫的寄生率达 5.8% ~ 16%，要保护这些天敌。③ **化学防治**：幼虫发生期使用 1.2% 烟参碱乳油 800 ~ 1000 倍液，或 80% 敌敌畏乳油 1500 ~ 2000 倍液，或 50% 辛硫磷乳油 1500 ~ 2000 倍液，或 20% 除虫菊酯乳剂 5000 ~ 10000 倍液进行喷雾防治。

◀ 重阳木帆锦斑蛾幼虫

▼ 重阳木帆锦斑蛾危害状

朱红毛斑蛾 （中文别名：榕树斑蛾、火红斑蛾）

Phauda flammans Walker

成虫：体长 13 ~ 13.5 毫米。头、胸红色，腹部黑色，两侧有红色的长毛。翅红色，臀区有 1 片大的深蓝色斑。**卵：**扁椭圆形，长 1.4 ~ 1.6 毫米，浅黄色。**幼虫：**老熟幼虫体长 17 ~ 19 毫米。体背面赤褐色，两侧浅黄色，气门上线和基线白色；每体节有 4 个白色毛突，每个毛突着生 1 根棕色毛。幼虫体上能分泌出一种粘液而使其体表黏稠。**蛹：**纺锤形，长 11 ~ 12 毫米，腹部背面黑褐色，其余均为淡黄色。**茧：**扁椭圆形，长 16 ~ 18 毫米。

朱红毛斑蛾幼虫

生物学特性：一年发生 2 代。以老熟幼虫结茧越冬。翌年 3 月化蛹，4 月羽化成虫。第 1 代幼虫出现在 4 月下旬至 6 月下旬，成虫于 6 月下旬至 7 月中旬羽化；第 2 代幼虫出现在 7 月中旬至 10 月中旬，9 月下旬开始结茧越冬。成虫多在白天 8 ～ 12 时羽化，羽化后 3 ～ 4 天进行交配，翌日产卵。卵多产于树冠顶部的叶片上，平铺块状，每卵块 7 ～ 42 粒，卵期 13 ～ 14 天。初孵幼虫咬食叶表皮，随虫龄增大，将叶片食成孔洞或缺刻，猖獗时把植株叶片吃光，仅剩光秃枝干。老熟幼虫在树干基部附近杂草、石缝和树根间隙结茧化蛹。

危害寄主：细叶榕、榕树、高山榕、气达榕、花叶橡胶榕、印度橡胶榕、青果榕、美丽枕果榕、菩提榕等榕属植物。

危害症状：以幼虫食叶危害，大发生时，可把树木叶片吃光，严重影响城市景观。

防治方法：① **林业措施**：对树木冬季管理时清理枯枝落叶，对土壤松土时灭蛹。② **生物防治**：喷洒每克含孢子 100 亿的青虫菌或每克含 1 亿活孢子的杀螟杆菌进行生物防治。幼虫大发生后会出现较多天敌，此时不宜喷化学农药，以免杀伤天敌。③ **化学防治**：幼虫大量出现时，可喷洒 40% 氧化乐果乳油，或 80% 敌敌畏乳油 1500 ～ 2000 倍液，或 20% 氰戊菊酯乳油 1500 ～ 2000 倍液进行喷雾防治。

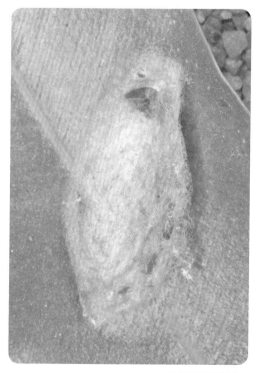

朱红毛斑蛾茧

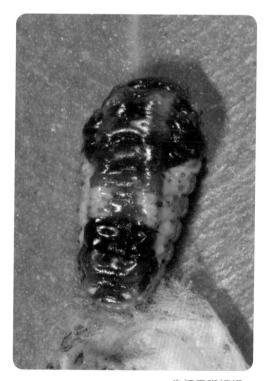

朱红毛斑蛾蛹

茶柄脉锦斑蛾 （中文别名：茶叶斑蛾、茶斑蛾）
Eterusia aedea Linnaeus

茶柄脉锦斑蛾成虫

　　成虫：体长 17 ~ 20 毫米，翅展 56 ~ 66 毫米，头至第 2 腹节青黑色，有光泽。腹部第 3 节起背面黄色，腹面黑色。翅蓝黑色，前翅有黄白色斑 3 列，后翅有黄白色斑 2 列，成黄白色宽带。触角双栉形，雄蛾的栉齿发达，雌蛾触角末端膨大，端部栉齿明显。**卵**：椭圆形，鲜黄色，近孵化时转灰褐色。**幼虫**：体长 20 ~ 30 毫米，圆形似菠萝状。体黄褐色，肥厚，多瘤状突起，中、后胸背面各具瘤突 5 对，腹部 1 ~ 8 节各有瘤突 3 对，第 9 节生瘤突 2 对，瘤突上均簇生短毛。体背常有不定形褐色斑纹。**蛹**：长 20 毫米左右，黄褐色；**茧**：茧褐色，长椭圆形，丝质。

生物学特性：一年发生 2～3 代，以老熟幼虫于 11 月后在茶丛基部分杈处或枯叶下、土隙内越冬。翌年 3 月中、下〔旬〕温上升后上树取食。4 月中、下旬开始结茧化蛹，5 月中旬至 6 月中旬成虫羽化产卵。第 1 代幼虫发生期在 6 月上旬至 8 月上旬，8 月上旬至 9 月下旬化蛹，9 月中旬至 10 月中旬第 1 代幼虫羽化产卵，10 月上旬第 2 代幼虫开始发生。卵期 7～10 天；幼虫期 1 代 65～75 天，2 代长达 7 个月左右；蛹期 24～32 天；成虫寿命 7～10 天。

危害寄主：茶树、油茶、青红楠等植物。

危害症状：低龄幼虫取食下表皮及叶肉，留下上表皮，被害叶呈不规则的黄色枯斑；3 龄后蚕食全叶，常留下叶柄，也有食至半叶及转叶危害。大发生时可将茶树食成光秃，影响茶叶产量及茶树优势。

防治方法：① **林业措施**：对树木冬季管理时清理枯枝落叶，对土壤松土时灭蛹。② **生物防治**：喷洒每克含孢子 100 亿的青虫菌或每克含 1 亿活孢子的杀螟杆菌进行生物防治。幼虫大发生后会出现较多天敌，此时不宜喷化学农药，以免杀伤天敌。③ **化学防治**：幼虫大量出现时，可喷洒 40% 氧化乐果乳油、或 80% 敌敌畏乳油 1500～2000 倍液，或 20% 氰戊菊酯乳油 1500～2000 倍液进行喷雾防治。

茶柄脉锦斑蛾的寄主植物——油茶

白带螯蛱蝶 （中文别名：樟白纹蛱蝶、茶褐樟蛱蝶）
Charaxes bernardus (Fabricius)

白带螯蛱蝶雌成虫（背面）

成虫：翅正面红棕色或黄褐色，反面棕褐色。前翅有宽的黑色外缘带，中区有白色横带。后翅亚外缘有黑带，自前缘向后逐渐变窄，雄虫 M_3 脉突出成齿状，雌虫 M_3 脉突出成棒状。前翅反面具数条短黑线，斑纹同正面，但颜色浅。本种色彩及斑纹多变化，尤其是雌蝶。**卵**：扁圆形，顶端平截，中央微凹，具 21 ～ 25 条纵脊。初产时黄绿色，后变红褐色。**幼虫**：末龄幼虫体色深绿，体长 33 ～ 62 毫米，色斑褐色。头深绿色；角突绿色。**蛹**：碧绿色。背面拱凸，腹面平，形如小舟；腹末有 3 对黄色乳头状突起，其中 2 对着生在臀棘基部两侧，1 对着生在肛门上方。

白带螯蛱蝶雌成虫（侧面）

生物学特性： 一年发生3代。以老熟幼虫在叶片正面越冬。翌年越冬代幼虫于4月下旬危害，第1代幼虫5月下旬危害，第2代幼虫7月下旬危害，第3代（越冬代）幼虫9月下旬危害。成虫羽化后先静止在蛹壳旁或附近枝叶上，经吸吮植物流汁，补充营养。飞舞活动在中午前后最盛。卵散产于暗绿色老叶正面。每叶片仅产1粒。每头雌蝶产卵量28～54粒。1～3龄幼虫食量小，仅啃食叶片边缘，使成缺刻。5龄幼虫可取食全叶或仅留残叶。老熟幼虫化蛹前吐丝缠在树枝或小枝叶柄上，然后化蛹。

危害寄主： 樟科：樟、油樟、浙江樟；芸香科：降真香；豆科：海红豆、南洋楹等植物。

危害症状： 啃食叶片边缘，使成缺刻，老龄幼虫可取食全叶或仅留残叶。

防治方法： 此蛱蝶为观赏昆虫，一般不造成严重危害。必要防治时使用90%敌百虫晶体、或80%敌敌畏乳油2000～2500倍液进行喷雾防治。

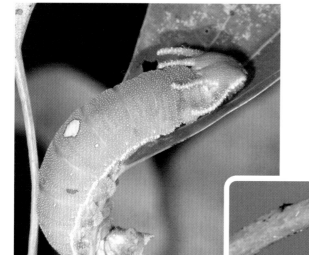

◀ 白带螯蛱蝶幼虫

▼ 白带螯蛱蝶蛹

尖翅翠蛱蝶
Euthalia phemius (Doubleday)

尖翅翠蛱蝶雄成虫

成虫：雌雄异型。雄蝶翅黑褐色，前翅顶角尖锐，中室外侧有白色细线构成的Y形纹；后翅外缘较平直、白色，臀角尖锐，在蓝色三角形臀斑的外沿有1列黑色小点。雌蝶翅棕褐色，前翅亚顶角有2个小白斑，从前缘中部至外缘近臀角有1条白色斜带，斜带白斑排列紧密、渐行渐窄末端尖锐，且白斑外缘缺刻渐深；后翅无蓝色臀斑。

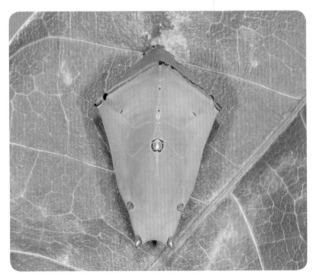

尖翅翠蛱蝶蛹

生物学特性：幼虫取食植物叶子；成虫以花粉、花蜜、植物汁液为食。资料稀缺，生物学特性不详。

危害寄主：一般常见的就是杧果树。还有漆树科的其他植物如桃叶杧果（扁桃）的叶子。

危害症状：幼虫危害造成叶片缺刻。

防治方法：此蛱蝶为观赏昆虫，一般不造成严重危害。必要防治时使用 90% 敌百虫晶体、或 80% 敌敌畏乳油 2000 ～ 2500 倍液进行喷雾防治。

尖翅翠蛱蝶的寄主植物

报喜斑粉蝶 （中文别名：红肩斑粉蝶、红肩粉蝶、褐基斑粉蝶、艳粉蝶）

Delias pasithoe (Linnaeus)

报喜斑粉蝶成虫

成虫：体长 20 ~ 27 毫米，翅展 48 ~ 82 毫米。头、胸部黑色。腹部背面灰黑色，腹面灰白色。前、后翅各有白色的近圆形小横脉斑 1 个。前翅中室有 3 个淡蓝灰色长斑；近外缘有 7 ~ 8 个大小不等排成弧形的灰白色戟形斑。后翅中域亮黄色斑形成 1 个内缘斑块；在中域有 1 个前窄后宽的淡蓝灰色斑带；近外缘有 5 个灰白色戟形斑。**卵**：圆筒形，顶端较尖，直立。直径 0.6 ~ 0.7 毫米，长约 14 毫米。淡黄色至深黄色。**幼虫**：老熟幼虫 30 ~ 5 毫米。头和臀板黑褐色。足黑色。身体棕红色与黄色相间。**蛹**：长 22 ~ 28 毫米，纺锤形。橘红色至棕红色。腹末臀棘端部平截。

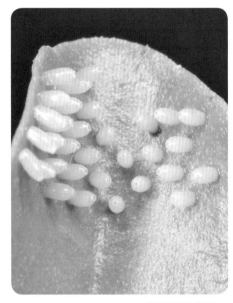

报喜斑粉蝶卵

生物学特性：成虫多在早晨或上午羽化，刚羽化的成虫攀于蛹壳上，待展翅后即可飞翔。成虫多在中午交尾，天气晴朗时活动频繁。成虫产卵块于叶面，每块卵块平均有卵约80粒，按一定距离排列成行。初孵幼虫吃光卵壳后即取食叶表面，2龄后从叶缘取食，造成缺刻。随虫龄增大，食量大增，常吃完一枝条叶片后即转移到其他枝条上危害，可造成秃枝和光杆。幼虫群集性很强，从同一卵块孵化出的幼虫，幼龄期全部群集在一起取食，高龄幼虫常分散成小群。群集的幼虫互叠成团或头靠头同向排列在一起，当受惊时则吐丝下垂。老熟幼虫分散或成串地在檀香枝叶上或爬到树周围杂草上化蛹。幼虫发育历期20～30天不等，视温度而定。飞行缓慢。秋冬期间，常成群在林中花卉上出现。

危害寄主：荷木、柑橘、檀香，桑寄生科的桑寄生，檀香科的寄生藤，茜草科的圆叶鸟檀等植物。

危害症状：幼虫群集危害叶片，造成秃枝，严重者可将树吃成光杆，主要危害檀香、柑橘等植物。

防治方法：① **人工防治**：人工剪除成串挂在树枝上的幼虫、蛹；秋冬期间，捕杀飞行缓慢成虫。② **林业措施**：桑寄生是报喜斑粉蝶寄主，清除周边植物上的桑寄生可减轻危害。③ **化学防治**：使用4.5%联苯菊酯乳油3000～4000倍液，或80%敌敌畏乳油2000～3000倍液喷雾防治。

报喜斑粉蝶幼虫

报喜斑粉蝶蛹

迁粉蝶 （中文别名：果神蝶、无纹淡黄蝶、银纹淡黄蝶、淡黄蝶）

Catopsilia pomona (Fabricius)

迁粉蝶成虫（有纹型）

迁粉蝶成虫（血脉型）

有纹型：*C.pomonapomona*（Fabricius）
f.pomona（Fabricius），胸背黑色，密披黄色
绒毛。触角桃红色。雄蝶翅面基半部黄色，
端半部白色或微黄色，前翅前缘顶角和外缘
棕色，翅反面微绿黄色，前翅中室端脉上有 1
个眼斑，斑心有银白色闪光。雌蝶翅面土黄色，
中室端脉上褐斑明显，翅反面深黄色。

血斑型：*C.pomonapomona*（Fabricius）
f.catilla（Cramer），此型前后翅反面具有大型
血色齿状斑。

无纹型：*C.pomonapomona*（Fabricius）

迁粉蝶成虫（无纹型）

f.crocale（Fabricius），雄蝶翅面基本似有纹型，
惟前翅前缘、顶角、外缘为黑色；反面为黄色或浅黄色，两翅均无任何斑点；雌蝶前翅正面前缘、
外缘和后翅的外缘黑色较宽，前翅中室上脉黑色，端脉上有 1 枚黑斑，翅反面苍白色。

生物学特性：一年发生 11 代，各代历期因季节和气温变化而不同。5 ～ 6 月气温高时，完成 1 个世代需约 20   12、翌年 1 月气温低时，完成一个世代约需 40 天。世代重叠，无明显世代界限。幼虫 5 龄，初孵幼虫啃吃卵壳，3 龄前取食嫩叶和嫩芽，4 龄以上取食全叶，5 龄为暴食期。幼虫发生高峰期在 5 月中下旬，6 月下旬后虫口密度减少，翌年 3 月中旬起又逐渐上升。

危害寄主：铁刀木、粉花山扁豆、雄黄豆、腊肠树、决明等植物。

危害症状：幼虫大发生时，整片树林的叶子、嫩枝全被吃光，只剩枝条。

防治方法：① **林业措施**：营造混交林，幼林管理时摘除有虫的叶和虫蛹。② **生物防治**：使用 1.8% 阿维菌素乳油 2000 ～ 3000 倍液喷雾防治。③ **化学防治**：使用 4.5% 联苯菊酯乳油 2000 ～ 3000 倍液，或 25% 灭幼脲Ⅲ号悬浮剂 1000 ～ 1500 倍液，或 10% 吡虫啉可湿性粉剂 1500 ～ 2000 倍液进行喷雾防治。

◀ 迁粉蝶幼虫

▼ 迁粉蝶幼虫危害状

曲纹紫灰蝶 （中文别名：苏铁绮灰蝶、苏铁小灰蝶）
Chilades pandava (Horsfield)

曲纹紫灰蝶成虫

曲纹紫灰蝶幼虫

成虫：翅展 22 ~ 29 毫米。属小型蝶类。翅正面以灰、褐、黑等色为主，有金属光泽，且两翅正反面的颜色及斑纹截然不同，反面的颜色丰富多彩，斑纹变化也很多样。雄蝶翅正面呈蓝灰白色，外缘灰黑色；而雌蝶呈灰黑色。前翅外缘黑色，后翅外缘有细的黑白边，前翅亚外缘有 2 条黑白色的灰色带，后中横斑列也具白边，中室端纹棒状。后翅有 2 条带内侧有新月纹白边，翅基有 3 个黑斑，都有白圈，尾突细长，端部白色。**幼虫：**老熟幼虫长约9毫米，扁椭圆形，身被短毛，体色青绿或紫红色，背面色较浓，各节分界不明显。**蛹：**短椭圆形，长 8 毫米，宽 3 毫米，背面呈褐色，被棕黑色短毛，胸腹部分界较明显，腹面淡黄色，翅芽淡绿色。

曲纹紫灰蝶卵

生物学特性：一年发生8～10代，世代重叠严重，第一代常见于3月下旬，危害盛期为7～10月，由于其产卵量大，生育周期短，对苏铁属植物造成严重的危害。

危害寄主：苏铁。

危害症状：幼虫只危害当年抽出的新叶，初孵幼虫潜入拳卷羽叶内啃食嫩羽叶，随虫龄增大食量急剧增加，造成新生羽叶残缺不堪，甚至只剩下叶柄和叶轴。

防治方法：① **人工防治：**成虫只产卵于刚抽出的嫩叶上，产卵集中，可人工抹除卵和初龄幼虫。② **林业措施：**冬季做好清园修剪工作，减少越冬虫源。③ **生物防治：**在幼虫期，喷施每毫升含孢子$100×10^8$以上的青虫菌粉或浓缩液400～600倍液，加0.1%茶饼粉以增加药效，或喷施每毫升含孢子$100×10^8$以上的苏云金杆菌（Bt）乳剂300～400倍液。④ **化学防治：**45%马拉硫磷乳油1000～1500倍液，或40%氧化乐果乳油1000～1500倍液，或20%甲氰菊酯乳油800～1000倍液喷雾，均能有较好防治效果。

曲纹紫灰蝶幼虫危害状

白伞弄蝶 （中文别名：白暮弄蝶）
Bibasis gomata (Moore)

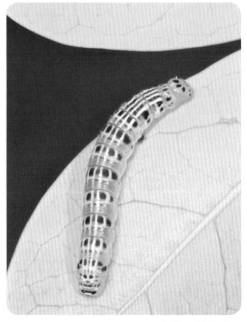

白伞弄蝶成虫

白伞弄蝶幼虫

成虫：颜色较一般弄蝶鲜艳，头和胸部长满橙色细毛，腹部有黑白色相间的斑纹。翅底为乳白色，布满黑色斑纹。雌蛾翅正面灰白色，外缘暗褐色，脉纹深褐色，两侧紫褐色或蓝紫色，翅基部带蓝色。翅反面淡绿色，脉纹及脉间条纹暗褐色。雄蝶蛾翅正面黑褐色，脉纹披有白色鳞片，翅反面同雌蝶。拥有典型的弄蝶体型，头大和身体肥胖。因此和蛾类有几分相似，但可从末端鼓胀的触角来辨认出它是蝶类。

白伞弄蝶蛹

白伞弄蝶幼虫危害状

生物学特性：幼虫食叶，它会将叶片用丝连起来作叶包，除了进食外，休息和结蛹都在叶包内进行。成虫生活在阴暗的树林中，一年四季都可以发现它们的踪影。飞行快速，通常只在清晨光线微弱时出现，其余时间都停留在林间叶底。由于在野外较难观察到它，因此常被误认为罕见。

危害寄主：七叶莲、鹅掌柴。

危害症状：幼虫食叶，它会将叶片用丝连起来作叶包，在叶包内进行进食，随虫龄增大吃量急剧增加，造成新生羽叶残缺不堪。

防治方法：① **林业措施：**冬季做好清园修剪工作，减少越冬虫源。② **生物防治：**在幼虫期，喷施每毫升含孢子 100×10^8 以上的青虫菌粉或浓缩液 400 ～ 600 倍液，加 0.1% 茶饼粉以增加药效，或喷施每毫升含孢子 100×10^8 以上的苏云金杆菌（Bt）乳剂 300 ～ 400 倍液。③ **化学防治：**使用 45% 马拉硫磷乳油 1000 ～ 1500 倍液，或 40% 氧化乐果乳油 1000 ～ 1500 倍液，或 20% 甲氰菊酯乳油 800 ～ 1000 倍液进行喷雾防治，均能达到较好防治效果。

青凤蝶 （中文别名：樟青凤蝶、青带樟凤蝶、蓝带青凤蝶、青带凤蝶）
Graphium sarpedon (Linnaeus)

鳞翅目
Lepidoptera

凤蝶科
Papilionidae

青凤蝶成虫

　　成虫：翅展 70 ~ 85 毫米。翅黑色或浅黑色。前翅有 1 列青蓝色的方斑，从顶角内侧开始斜向后缘中部，从前缘向后缘逐斑递增，近前缘的 1 斑最小，后缘的 1 斑变窄。后翅前缘中部到后缘中部有 3 个斑，其中近前缘的 1 个斑白色或淡青白色；外缘区有 1 列新月形青蓝色斑纹；外缘波状，无尾突。**卵**：球形。乳黄色，表面光滑，有强光泽。直径与高均约 1.3 毫米。**幼虫**：初龄幼虫头部与身体均呈暗褐色，但末端白色。至 4 龄时全体底色已转为绿色。胸部每节各有 1 对圆锥形突；气门淡褐色；臭角淡黄色。即将化蛹时体色为淡绿色半透明。**蛹**：体长约 33 毫米。按虫体依附着场所不同而有绿色、褐色两型。蛹中胸中央有 1 前伸的剑状突；背部有纵向棱线，由头顶的剑状突起向后延伸分为 3 支。

生物学特性：一年多代且世代重叠，以蛹越冬。成虫3～10月出现，热带终年可见，飞翔力强，常在低海拔的潮湿与开阔地带活动，在庭园、街道及树林空地也常见，有时早上和黄昏常结队在潮湿地及水池旁憩息；喜欢访花吸蜜，常见于马缨丹属 *Lantana*、醉鱼草属 *Buddleia* 及七叶树属 *Aesculus* 等植物的花上吸花蜜。成虫常将卵单产于寄主植物的新芽末端。老熟幼虫在寄主植物枝干或附近杂物荫凉处化蛹。

危害寄主：樟树、沉水樟、潺槁木姜子、小梗黄木姜子、假肉桂、天竺桂、红楠、香楠、大叶楠、山胡椒、番荔枝等植物。

危害症状：幼虫取食植物叶子，造成叶片缺刻。

防治方法：① **人工防治**：苗圃造成危害后，可人工剪除挂在树上虫蛹。② **生物防治**：在幼虫期，喷施每毫升含孢子 100×10^8 以上的青虫菌粉或浓缩液400～600倍液，加0.1%茶饼粉以增加药效，或喷施每毫升含孢子 100×10^8 以上的苏云金杆菌（Bt）乳剂300～400倍液。③ **化学防治**：使用25%灭幼脲Ⅲ号悬浮剂1000～1500倍液，或45%马拉硫磷乳油1000～1500倍液，或40%氧化乐果乳油1000～1500倍液，或20%甲氰菊酯乳油1000～2000倍液进行喷雾防治，均能达到较好防治效果。

▶ 青凤蝶蛹

▼ 青凤蝶幼虫

碧凤蝶 （中文别名：碧翠凤蝶）

Achillides bianor (Cramer)

鳞翅目
Lepidoptera

凤蝶科
Papilionidae

碧凤蝶成虫

　　成虫： 翅展 95 ~ 125 毫米。体、翅黑色或黑褐色，散布翠绿色鳞片。前翅亚外区有 1 条黄绿色或翠绿色横带，被黑色脉纹和脉间纹分割，此带由后缘向前缘逐渐变窄，色调由深变淡，未及前缘即消失。后翅端半部的上部有一大块翠篮或翠绿色斑，斑的外缘齿状；在亚外缘区有不太明显的淡黄或绿色的斑纹；臀角有 1 个环形红斑。**卵：** 半圆球形，表面光滑无脊，淡黄白色。直径约 1.20 ~ 1.40 毫米，高约 1.05 ~ 1.20 毫米。浅黄色至黄色。**幼虫：** 幼虫分 5 龄。1 ~ 4 龄幼虫灰黄色至灰绿色。头端两条棘，尾端四条棘，虫体中部有一白色条纹；5 龄幼虫体长 30 ~ 52 毫米，黄绿色至暗绿色，体侧具四条黑色斜纹，体表光滑，前后端具两短棘。**蛹：** 有褐色及绿色两型，长 32 毫米，宽 13 毫米，蛹表面光滑。

生物学特性：一年发生 2 代，第一代发生在 5 ～ 6 月，第 2 代发生在 8 ～ 9 月，以蛹越冬。翌年 3 月下旬越冬蛹开始羽化，4 月下旬至 5 月初为第 1 代成虫羽化高峰期，4 月初有卵出现，卵期为 12 ～ 14 天，4 月中旬卵开始孵化。幼虫 5 龄，历期 25 ～ 35 天，蛹期 15 ～ 20 天，第 2 代成虫羽化高峰期在 6 月底 7 月初。7 月下旬数量减少，但直至 9 月仍可见到成虫。7 月上旬为产卵高峰期，9 月初为化蛹高峰期。幼虫以芸香科的贼仔树、食茱萸、飞龙掌血和柑橘、花椒、黄柏等植物为食。成虫喜欢将卵散产于寄主植物的叶面背面或小枝枝娅处，桔树上 1 叶产 1 卵。头部静伏于柑橘叶面上，幼虫老熟后在树枝上或附近的灌木丛中化蛹。

危害寄主：柑橘、花椒、黄菠萝、楝树、吴茱萸等植物。

危害症状：幼虫危害花椒、柑橘等农作物，初孵幼虫取食嫩叶，3 龄幼虫取食老幼叶只剩下叶脉，老熟幼虫在叶片背面吐丝化蛹，使叶片卷曲，严重影响植物光合作用。

防治方法：① **人工防治**：秋末冬初可人工剪除挂在树上虫蛹。5 ～ 10 月间人工捕捉幼虫和蛹。② **生物防治**：a．以菌治虫，用 7805 杀虫菌或青虫菌（100 亿 / 克）400 倍液喷雾防治幼虫。b．以虫治虫，将寄生蜂寄生的越冬蛹，从树枝上剪下来，放置室内，如有寄生蜂羽化，放回林中继续寄生，控制凤蝶发生危害。③ **化学防治**：使用 45% 马拉硫磷乳油 1000 ～ 1500 倍液，或 40% 氧化乐果乳油 1000 ～ 1500 倍液，或 20% 甲氰菊酯乳油 800 ～ 1000 倍液进行喷雾防治。均能达到较好防治效果。

碧凤蝶成虫

斑凤蝶 （中文别名：拟斑凤蝶、黄边凤蝶）

Chilasa clytia (Linnaeus)

斑凤蝶成虫（普通型）

成虫：翅展 80 ～ 101 毫米。雌雄异型。雄蝶翅黑褐色或棕褐色。前翅外缘及亚外缘区各有 1 行斑列。后翅外缘波状，在波凹处有淡黄色斑，亚外缘区有 1 ～ 2 列新月形斑。翅反面具清晰的棕褐色斑。雌蝶翅黑色或黑褐色，所有斑纹淡黄色；前翅斑纹外缘及亚外缘区与雄蝶相同，基部及亚基部有放射状条纹，中区和中后区的斑纹散乱而大小长短不一。后翅外缘及亚外缘与雄蝶相同，其他斑纹都是顺脉纹呈放射状排列。翅反面与正面相似。本种凤蝶常出现翅面白斑化型。

卵：略呈球形，底面浅凹。颜色呈鲜绿色，表面散布黄色的颗粒状附着物。**幼虫**：共 5 龄。头部黑褐色，上生黑毛。前胸背板黄褐色，两侧有 1 对突起，具黑毛。臭角淡褐色，透明。从中胸到第 9 腹节的背线两侧有 1 对刚毛，其斜后方的亚背线上有 1 对着生黑毛的肉瘤。**蛹**：圆筒形，细长。头部有 1 对低矮的突起，头顶有 1 个大的深凹，其后方有 1 个小的浅凹。中胸背面有 1 个瘤状突。前翅基部尖。从第 2 腹节气门后方经第 3 腹节的气门上到第 4 腹节气门上方有 1 对"U"字形的沟。第 2、3 腹节的气门后方及第 4 腹节气门下方有小的疣状突，其中第 3 腹节的疣突特大，从腹面也能看到。

生物学特性：成虫常见于低海拔平地及丘陵地，在热带森林高空或丘陵上空周旋，受惊后便飞逃；飞行缓慢，飞行力强，在季风来临的晴天时，飞翔数小时才休息；有时主动攻击其他蝴蝶，然后逃之。成虫喜访花。卵产在寄主植物新芽、嫩叶的背腹两面或叶柄与嫩枝上。幼虫从 1 龄到末龄都栖息在叶的正面。老熟幼虫在比手指粗的枝条、树干或附近的建筑物上化蛹。

危害寄主：玉兰、含笑、释茄果、樟科的樟属、潺槁树等植物。

危害症状：幼虫取食植物叶子，造成叶片缺刻。

防治方法：① **人工防治**：秋末冬初可人工剪除挂在树上虫蛹。5 ~ 10 月间人工捕捉幼虫和蛹。② **生物防治**：a．以菌治虫，用 7805 杀虫菌或青虫菌（100 亿 / 克）400 倍液喷雾防治幼虫。b．以虫治虫，将寄生蜂寄生的越冬蛹，从树枝上剪下来，放置室内，如有寄生蜂羽化，放回林中继续寄生，控制凤蝶发生危害。③ **化学防治**：使用 45% 马拉硫磷乳油 1000 ~ 1500 倍液，或 40% 氧化乐果乳油 1000 ~ 1500 倍液，或 20% 甲氰菊酯乳油 800 ~ 1000 倍液进行喷雾防治。均能有较好防治效果。

▶ 斑凤蝶成虫（异常型）

▼ 斑凤蝶幼虫

◀ 斑凤蝶蛹

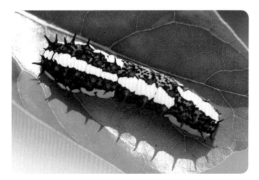

红火蚁
（中文别名：入侵红火蚁、外来红火蚁、赤外来火蚁）

Solenopsis invicta Buren

红火蚁雄蚁

红火蚁大型工蚁（兵蚁）

工蚁：体长 2.5 ~ 4.0 毫米。体棕红色，腹部第 2、3 节面中央常具有近圆形的淡色斑纹。前胸背板前端隆起。腹部末端有螯刺伸出。**兵蚁**：体长 6 ~ 7 毫米，形态与工蚁相似。上颚发达。**雄蚁**：体长 7 ~ 8 毫米，体黑色，触角呈丝状，前胸背板显著隆起。**有翅生殖型雌蚁**：体长 8 ~ 10 毫米，头及胸部棕褐色，腹部黑褐色，触角呈膝状。**卵**：卵圆形，0.23 ~ 0.30 毫米，乳白色。**幼虫**：共 4 龄。1 ~ 2 龄幼虫体表较光滑，3 ~ 4 龄幼虫体表披有短毛，4 龄幼虫上颚骨化较深。**蛹**：为裸蛹，乳白色，工蚁蛹体长 0.70 ~ 0.80 毫米，有性生殖蚁蛹体长 5 ~ 7 毫米，触角、足均外露。

红火蚁的巢穴

生物学特性：红火蚁的生活史有卵、幼虫、蛹和成虫4个阶段，共8～10周。每年一定时期产生有翅的雄蚁和蚁后，飞往空中交配。雄蚁不久死去，受精的蚁后建立新巢，交配后24小时内，蚁后产卵，在8～10天内孵化。一般幼虫期为6～12天，蛹期为9～16天。第一批工蚁大多个体较小，开始修建蚁丘。1个月内，较大工蚁产生，蚁丘的规模扩大。6个月后，族群发展到有几千只工蚁，蚁丘在土壤或草坪上突现出来。

危害寄主：人类，家畜，植物种子、果实、幼芽、嫩茎与根系。

危害症状：红火蚁主要以螯针刺伤动物、人体。人体被其叮咬后会有火灼伤般疼痛感，持续十几分钟，其后会出现如灼伤般的水泡，8～24小时后叮咬处化脓形成脓包。如遭受大量红火蚁叮咬，除人体受害部位立即产生破坏性的伤痛与剧痛外，毒液中的毒蛋白往往造成被攻击者（如果是敏感体质）产生过敏而休克，甚至有死亡的危险。

防治方法：诱杀：在红入侵火蚁觅食区散布饵剂，每年处理二次，通常在4～5月处理第一次，而在9～10月再处理第二次。饵剂：赐诺杀（spinosyns）、芬普尼（fipronil）、百利普芬（pyriproxyfen）。（独立蚁巢处理）接触型杀虫剂：百灭宁（permethrin）、赛灭宁（cypermethrin）、第灭宁（deltamethrin）、芬化利（fenvalerate）、加保利（carbaryl）、安丹（propoxur）。在消灭红火蚁的过程中应保护本地的蚂蚁和其他生态系统。

红火蚁巢穴

樟叶蜂

Mesoneura rufonota Rohwer

樟叶蜂成虫

樟叶蜂幼虫

膜翅目
Hymenoptera

叶蜂科
Swaflies

  成虫：雌虫体长 8～10 毫米。触角及头部黑色有光泽，胸背板两侧、中胸前盾片、盾片、小盾片、中胸前侧片褐黄色；后背片、中胸背板其余部分、中胸腹板、腹部均为黑色。前足基节，腿节中段、中足腿节中段，后足腿节除基端外，胫节端部和跗节，均为黑褐色；前、中、后足其余部分淡黄白色。雄虫体长 6～8 毫米，体色同雌虫。**卵：**乳白色，椭圆形，长 0.9～1.4 毫米，宽 0.4～0.5 毫米。一端微弯曲。**幼虫：**浅绿色，全身多皱纹。头黑色。4 龄以后，胸部及第 1、2 腹节背面密布黑色小点；胸足黑色，有淡绿色斑纹。老熟幼虫体长 15～18 毫米。**蛹：**黄色。长 7.5～10 毫米。茧为丝与泥土混合而成，长椭圆形。

樟叶蜂幼虫为害状

生物学特性： 孤雌生殖普遍。幼虫营自由生活，或在叶片、虫瘿、茎或果实中生活。成虫白天羽化，羽化后当天即可交尾。交尾后即可产卵，一般卵产于枝梢嫩叶和芽苞上。卵产在叶片主脉两侧，产卵处叶面稍向上隆起。幼虫从切裂处孵出，在附近啃食下表皮，之后则食全叶。幼虫食性单一，未见危害其他植物。越冬代成虫于4月上、中旬羽化。1代幼虫4月中旬孵出。5月上、中旬老熟后入土结茧，部分滞育到次年，部分5月下旬羽化产卵。2代幼虫5月底至6月上旬孵出，6月下旬结茧越冬。发生期不整齐，第1、2代幼虫均有拖延现象。

危害寄主： 樟科植物。

危害症状： 年发生代数多，成虫飞翔力强，危害期长，危害范围广。它既危害幼苗，也危害林木。苗圃内的香樟苗，常常被成片吃光，当年生幼苗受害重的即枯死，幼树受害则上部嫩叶被吃光，形成秃枝。林木树冠上部嫩叶也常被食尽，严重影响树木向高生长，使香樟分叉低，分叉多，枝条丛生。

防治方法： ① **植物制剂：** 虫害发生时，可用0.5千克闹洋花或者雷公藤粉，加清水75～100千克制成药液喷杀。② **生物制剂：** a. 幼虫为害盛期可喷洒0.5～1.5亿浓度的苏云金杆菌、青虫菌。b. 早春低温高湿时，应用每667平方米用白僵菌（每毫升含0.1亿～2亿个孢子）1千克兑水100千克喷洒。③ **化学药剂：** 使用45%马拉硫磷乳油1000～1500倍液，或40%氧化乐果乳油1000～1500倍液，或20%甲氰菊酯乳油800～1000倍液进行喷雾防治。均能有较好防治效果。

樟叶蜂危害状

刺桐姬小蜂
Quadrastichus erythrinae Kim

刺桐姬小蜂雌成虫

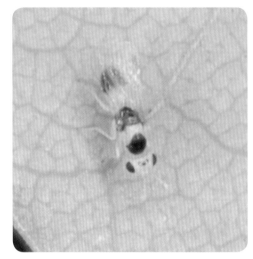

刺桐姬小蜂雄成虫

　　成虫：雌虫较大，体长 1.45～1.60 毫米，黑黄相间。雄虫较小，体长 1.0～1.15 毫米，黑白相间。头部具 3 个红色单眼，略呈三角形排列。复眼棕红色，近圆形。触角柄节柱状，高超过头顶。雌虫触角具环状节 1 节，索节 3 节，各节大小相等，每节侧面具 1～2 根与索节等长的感觉器，每根感觉器与下一索节相接。雄虫触角索节 4 节，第 1 节小于其他各节，无轮生刚毛；棒节 3 节，较索节粗，长度与 2、3 索节之和相等，第 1 棒节长宽相当，第 2 棒节横宽，第 3 棒节收缩成圆锥状，末端具 1 乳头状突。前胸背板中部有浅黄白色横斑。盾片棕黄色，中间有 2 条浅黄色纵线。雌虫前、后足基节黄色，中足基节浅白色，腿节棕色。雄虫足全部黄白色。

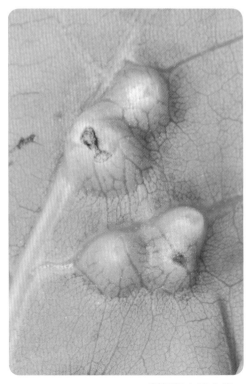

刺桐姬小蜂虫瘿

生物学特性：生活周期短，1个世代大约1个月左右，1年可发生多个世代，世代重叠严重。繁殖能力强，成虫羽化不久即能交配，雌虫产卵前先用产卵器刺破寄主表皮，将卵产于寄主新叶、叶柄、嫩枝或幼芽表皮组织内，幼虫孵出后取食叶肉组织，叶片上大多数虫瘿内只有1头幼虫，少数虫瘿内有2头幼虫，茎、叶柄和新枝组织内幼虫数量可达5头以上。幼虫在虫瘿内完成发育并在其内化蛹，成虫从羽化孔内爬出。

危害寄主：刺桐、杂色刺桐、金脉刺桐、珊瑚刺桐等植物。

危害症状：刺桐姬小蜂严重危害刺桐属植物，造成叶片、嫩枝等处出现畸形、肿大、坏死、虫瘿，严重时引起植物大量落叶、植株死亡。

防治方法：① **加强检疫措施**：对发现有刺桐姬小蜂林木的叶片、嫩枝进行剪除，并清理干净落在地面的虫瘿及枝叶，将叶片、嫩枝集中焚烧或挖坑填埋，防止蔓延。持续时间一年左右。② **化学防治**：使用40%氧化乐果乳油1000～1500倍液，或80%敌敌畏乳油1000～1500倍液喷雾防治。喷洒量至树枝、树叶表面湿润为止，之后每隔7天左右时间连续防治2～3次。

刺桐姬小蜂危害状

榕母管蓟马 （中文别名：古巴月桂蓟马、古巴月桂雌蓟马）

Gynaikothrips ficorum (Marchal)

榕母管蓟马成虫、若虫和卵

　　成虫：雌成虫体长 2.6 毫米，雄成虫体长 2.2 毫米。体黑色有光泽。触角 8 节，第 1、2 节棕黑色，第 3 ~ 6 节基半部黄色，第 7、8 节色较暗。前足胫节、中足和后足胫节端部及跗节均为黄色。头长为宽的 1.4 倍，为前胸长的 1.6 倍，复眼大，单眼区呈锥形隆起，后单眼紧靠复眼前部内缘。口锥形，稍超过前胸片中部，端部宽圆，前胸背片布满交错横纹。翅透明。腹端略纯圆，产卵管锯状。**卵**：椭圆形或肾形，长约 0.02 毫米，初产时乳白色，后变为淡黄色，发育后期出现红色的眼点，将要孵化。**若虫**：若虫 5 龄，1 龄虫体长 0.22 ~ 0.24 毫米，2 龄虫体长 0.26 ~ 0.27 毫米，3 ~ 5 龄虫体长为 0.62 ~ 0.73 毫米。初孵若虫体小如针尖，无色，分节不明显，2 ~ 3 天后虫体增大，4 ~ 5 天后进入 2 龄，体色加深，分节明显，取食量和取食范围增大。**蛹**：初期白色，3 ~ 4 小时后变为淡黄色，1 天后为暗红色，翅芽呈黑色，为即将羽化的蛹。

生物学特性：一年发生 9 ~ 11 代，世代重叠严重，几乎常年可见成虫、若虫和卵。完成 1 个世代约需 30 ~ 50 天，世代数及发育速度因地而异。雌成虫一般羽化 5 ~ 7 天开始产卵，卵产于饺子状的虫瘿内，产卵量为 25 ~ 80 粒，1 次可产 2 ~ 6 粒。卵期 2 ~ 20 天，幼虫历期为 20 ~ 30 天，蛹期为 7 天。成虫体黑色有光泽，腹部有向上翘动的习性，行动活泼，善跳，喜爬向四周取食，不常飞，只有受惊时飞翔，在酷热天气或叶片渐老后，会飞翔转移到附近其他榕树上危害。害虫对温度要求不很严格，无明显的越冬现象。在干旱季节，危害猖獗，高温多雨则对其发生不利。

危害寄主：细叶榕、垂叶榕、榕树、气达榕、龙盘花、杜鹃花、人面子、无花果等植物。

危害症状：成、若虫锉吸榕树嫩叶和幼芽的汁液，造成大小不一的紫红褐色斑点，芽梢凋萎，叶片沿中脉向正面折叠，形成饺子状的虫瘿。数十头至上百头成、若虫在虫瘿内吸食危害，受害严重的榕树整株嫩叶卷曲成饺子状，严重影响树叶的光合作用和植株的正常生长。

防治方法：① **人工防治**：发现虫瘿时及时摘除，修剪时尤其要注意把有虫瘿的枝条剪掉，集中深埋或烧毁。② **生物防治**：注意保护小花蝽、横纹蓟马、华野姬猎蝽等天敌。③ **化学防治**：a. 经常发生该蓟马的地区可在未形成虫瘿前喷洒 50% 杀螟松乳油、或 40% 氧化乐果乳油、或 40% 七星宝乳油 800 ~ 1000 倍液，或 4.5% 联苯菊酯乳油 3000 ~ 4000 倍液进行喷雾。b. 已形成虫瘿时，上述方法则难于奏效，可改用 15% 涕灭威颗粒剂埋施在土中，一般直径 15 厘米的用药量为 1.5 ~ 2 克。

榕母管蓟马危害状

薇甘菊 （中文别名：小花蔓泽兰、小花假泽兰）

Mikania micrantha H.B.K.

薇甘菊的花和叶

　　茎，圆柱形，有时管状，有浅沟及棱，茎和叶柄常披暗白色柔毛。叶片淡绿色，卵形或心脏形，茎生叶大多箭形或戟形，深凹刻，近全缘至粗波状或牙齿，长 4.0～13.0 厘米，宽 2.0～9.0厘米，自基部起 3～7 脉，叶表面常披暗白色柔毛。叶柄，细长，长 2.0～8.0 厘米，通常被毛，基部具环状物，有时其形成狭长的近膜质的托毛。花序，圆锥状，顶生或侧生，复花序聚伞状分枝；头状花序小，长约 4.0～6.0 厘米。总苞鳞，薄，绿白色，倒卵状至矩圆状，锐尖至短渐尖，通常长度为 3.0～4.0 毫米。总苞片，披针形，锐尖，呈绿色，着生在花梗顶端，长 2.5～4.5 毫米。花冠，白色，细长管状，长 1.5～1.7 毫米，有小齿或弯曲成长约 0.5 毫米的齿尖。冠毛，刚毛状，白色或多少红色，33～36 条。果实，瘦果，黑色，长 1.5～2.0 毫米，表面散布粒状突起物。

生物学习性：薇甘菊6～10月为生长旺盛期，10月下旬～11月中旬为花期，11月下旬～翌年2月为结实期。种子发芽是需光性的，在于25～30℃萌发率达83.3%。薇甘菊是一种喜光好湿的热带植物，在光照强、湿度大、温度在30℃左右适合其生长。

危害寄主：有害植物。林间常覆盖马尾松，杉木，阴香，大叶桉，台湾相思等绝大多数的林木。

危害症状：林木被薇甘菊攀援和覆盖，在它的压抑和遮阴下，光合作用受到干扰，甚至不能进行正常的光合作用而停止生长直至枯死，取而代之，成为优势植物，构成单优的群落，排斥和取代了原有植物物种。

防治方法：① 使用40%薇草灵悬浮剂，在薇甘菊营养生长期（6～10月中旬）使用800～1000倍液，薇甘菊开花繁殖期（10月下旬～11月下旬）使用500～800倍液，用药量为100千克/亩，使用担架式高压喷雾机全面喷雾1次，至薇甘菊叶茎湿润止，再检查补漏喷雾1次。② 使用24%紫薇清水剂，使用1500～2000倍液，用药量为100千克/亩喷施。③ 使用41%草甘膦异丙胺盐200倍液喷雾3～5次/年，草甘膦配药时使用干净水源，可以控制其危害。

薇甘菊花序

野 葛 （中文别名：葛藤、葛条）

Pueraria lobata (Willd.) Ohwi

野葛花序

有害植物
Harmful plants

豆科
Leguminosae

灌木状缠线藤本。枝纤细，薄被短柔毛或变无毛。叶大、偏斜；托叶基着，坡针形，早落；小托叶小，刚毛状。顶生小叶倒卵形，长 10 ~ 13 厘米，先端尾状渐尖，基部三角形，全缘，上面绿色，变无毛，下面灰色，被疏毛。总状花序长达 15 厘米，常簇生或排圆锥花序式，总花梗长，纤细，花梗纤细，簇生于花序每节上；花萼长约 4 毫米，近无毛，膜质，萼齿有时消失，有时枚宽，下部的稍宽；花冠淡红色，旗瓣倒卵形，长 1.2 厘米，基部渐狭成短瓣柄，无耳或有一极细而内弯的耳，具短附属体，翼瓣较稍弯曲的龙骨瓣短，龙骨瓣与旗瓣长度相等；对旗瓣的 1 枚雄蕊仅基部离生，其余部分和雄蕊管连合。荚果直，长 75 ~ 125 毫米，宽 6 ~ 12 毫米，无毛，果瓣近骨质。花期 9 ~ 10 月。

生物学习性：野葛适应性强，野生多分布在向阳湿润的山坡、林地路旁，喜温暖、潮湿的环境，有一定的耐寒耐旱能力，对土壤要求不甚严格。但以疏松肥沃、排水良好的壤土或砂壤土生长较好。

危害寄主：有害植物。林间常覆盖马尾松，杉木，阴香，大叶桉，台湾相思等绝大多数的林木。

危害症状：野葛是一种美丽的观赏性攀援植物，其生命力坚强、可以快速生长，常常疯狂蔓延，泛滥成灾，林木被葛藤攀援和覆盖，在它的压抑和遮阴下，光合作用受到干扰，甚至不能进行正常的光合作用而停止生长直至枯死，取而代之，成为优势植物，构成单优的群落，排斥和取代了原有植物物种。

防治方法：① **人工防治**：组织人员用柴刀进行割除清理。② **营林措施**：对治理葛藤后的山地进行植树造林，改善生态环境。③ **化学防治**：在 7～10 月分三次用除草剂（41% 草甘膦异丙胺盐水剂 400 倍液）进行喷洒，以达到根治目的。

野葛

五爪金龙 （中文别名：槭叶牵牛、番仔藤、台湾牵牛花、掌叶牵牛、五爪龙）

Ipomoea cairica (L.) Sweet

五爪金龙花

　　多年生缠绕草本，全体无毛，老时根上具块根。茎细长，有细棱，有时有小疣状突起。叶掌状 5 深裂或全裂，裂片卵状披针形、卵形或椭圆形，中裂片较大，长 4 ~ 5 厘米，宽 2 ~ 2.5 厘米，两侧裂片稍小，顶端渐尖或稍钝，具小短尖头，基部楔形渐狭，全缘或不规则微波状，基部 1 对裂片通常再 2 裂；叶柄长 2 ~ 8 厘米，基部具小的掌状 5 裂的假托叶（腋生短枝的叶片）。聚伞花序腋生，花序梗长 2 ~ 8 厘米，具 1 ~ 3 花，或偶有 3 朵以上；苞片及小苞片均小，鳞片状，早落；花梗长 0.5 ~ 2 厘米，有时具小疣状突起；萼片稍不等长，外方 2 片较短，卵形，长 5 ~ 6 毫米，外面有时有小疣状突起，内萼片稍宽，长 7 ~ 9 毫米，萼片边缘干膜质，顶端钝圆或具不明显的小短尖头；花冠紫红色、紫色或淡红色、偶有白色，漏斗状，长 5 ~ 7 厘米；雄蕊不等长，花丝基部稍扩大下延贴生于花冠管基部以上，被毛；子房无毛，花柱纤细，长于雄蕊，柱头 2 球形。蒴果近球形，高约 1 厘米，2 室，4 瓣裂。种子黑色，长约 5 毫米，边缘被褐色柔毛。

生物学习性：喜阳光充足、温暖湿润气候，疏松肥沃土壤。多生于低海拔地区向阳处，在围墙、屋檐、平地或山地路旁灌丛等地生长。五爪金龙通常以种子繁殖，种子量大，发芽率高，繁殖容易，生长迅猛。在广东地区只开花，极少结实，主要利用茎干进行无性繁殖，全年皆可进行营养生长。

危害症状：一般性杂草。该种在华南地区广泛蔓延，覆盖小乔木、灌木和草本植物，成为园林中一种害草。五爪金龙缠绕茎的攀缘能力强，顺树干而上，迅速占据其他植物的外围，密盖树木的树冠，致使被覆盖的植物得不到足够的阳光而死亡。其对绿色植物，尤其是园林植物危害极大。

防治方法：① 化学防治：使用 41% 农达水剂（草甘膦异丙胺盐水剂）兑水，药液的用量通常为 250～350 毫升兑水 30～60 千克，或 72%2,4-D 丁酯乳油 100～150 毫升兑水 30～40 千克，或 25% 恶草灵乳油 160～200 毫升兑水 50～60 千克，或 25% 毒莠定水剂有效成分 8～15 克/亩兑水 15～30 千克喷雾杀灭。

五爪金龙危害状

无根藤 （中文别名：无爷藤、手扎藤、金丝藤、面线藤）

Cassytha filiformis L.

无根藤

有害植物
Harmful plants

樟 科
Lauraceae

寄生缠绕草本植物，借盘状吸根攀附于寄主植物上。茎线形，绿色或绿褐色，稍木质，幼嫩部分被锈色短柔毛，老时毛被稀疏或变无毛。叶退化为微小的鳞片。穗状花序长 2～5 厘米，密被锈色短柔毛；苞片和小苞片微小，宽卵圆形，长约 1 毫米，褐色，被缘毛。花小，白色，长不及 2 毫米，无梗。花被裂片 6 片，排成二轮，外轮 3 片小，圆形，有缘毛，内轮 3 片较大，卵形，外面有短柔毛，内面几无毛。能育雄蕊 9 枚，第一轮雄蕊花丝近花瓣状，其余的为线状，第 1、2 轮雄蕊花丝无腺体，花药 2 室，室内向，第 3 轮雄蕊花丝基部有一对无柄腺体，花药 2 室，室外向。退化雄蕊 3 枚，位于最内轮，三角形，具柄。子房卵珠形，几无毛，花柱短，略具棱，柱头小，头状。果小，卵球形，包藏于花后增大的肉质果托内，但彼此分离，顶端有宿存的花被片。花、果期 5～12 月。在广东南部地区一般 6～7 月开花，果实一般 10～12 月成熟。

生物学习性：在我国热带亚热带地区，无根藤在冬季一般不会死亡，可连年危害寄生。但当寄主为一年生植物时，无根藤则随寄主死亡而死亡。无根藤的近距离传播是依靠其藤茎的自然攀缘，而远距离传播则主要靠种子。幼树上的无根藤多数是由当年生种子萌发后寄生，而大树上的无根藤，则主要靠藤茎的自然攀缘，由下而上层层侵染的结果。在自然条件下，无根藤主要分布在地势开阔、阳光充足、气候干燥的杂草灌丛地带和海滨海滩，垂直分布可以从滨海海滩直至海拔 400 米的低山、丘陵及平原地区，海拔 400 米以上一般少见。无根藤对寄主几乎没有选择性，即使被缠绕的是非生命和物体，无根藤照样产生吸盘，只不过无法吸收营养而已。

危害症状：无根藤茎为多年生草本植物，全株呈寄生性缠绕藤茎，藤茎具少量叶绿素，故属半寄生植物。幼茎一遇寄主即缠绕攀缘而上，藤茎接触寄主部分组织即产生吸盘，再从吸盘中央长出楔形吸器，穿透寄主表皮并直达寄主木质部。无根藤与寄主形成寄生关系后，需经 1 ~ 2 个月或稍长时间，其地茎部分自然死亡，至此，无根藤就全靠从寄主体内吸取营养维持其生命。林木被攀援和覆盖，在它的压抑和遮阴下，光合作用受到干扰，甚至不能进行正常的光合作用而停止生长直至枯死。

防治方法：无根藤"再生能力"极差，其本身不能再传播，一旦其藤茎脱离寄主，藤茎即死亡。所以，对无根藤寄生的防治，除个别严重发生的地区外，一般宜采用栽培防治措施。选择新开苗圃或造林地时，应尽量避免无根藤发生严重的地方。若无法避免时应在无根藤开花结实前进行清山整地作业。加强对幼林的抚育管理，及时除草，既可促进幼林生长，提早郁闭，又可清除无根藤危害。个别特别严重的地方，组织人员用柴刀进行割除清理，或考虑彻底拔除，重新清山造林。

无根藤危害状

松梢枯病

松梢枯病危害松梢症状　　　　　　　　　　松梢枯病危害松枝症状

病原：松杉球壳孢菌 *Sphaeropsis sapinea* (Fr.:Fr.) Dyko & Sutton。半知菌亚门 Deuteromycotina，腔孢纲 Coelomycetes，球壳孢目 Sphacropsidales，球壳孢科 Sphaeropsidaceae，壳大卵孢属 *Sphaeropsis*。

危害寄主：松属、冷杉属、落叶松属、崖柏属、雪松属、刺柏属、云杉属和黄杉属等 8 个属约 60 种（含部分变种）针叶树（松属树种约占 5/6）。

危害症状：危害叶片、嫩芽、嫩梢。主要表现为枯叶、枯芽、枯梢。受侵害较轻者，表现为针叶枯萎。受害严重者嫩梢上先出现溃疡斑，病斑发展后，导致顶梢枯死。有些还可导致松脂流溢，边材发生蓝变。

发病规律：病原菌以菌丝体或分生孢子器在病梢、病叶或病残体上越冬。4 月后分生孢子大量散发，并由风雨传播。风雨、昆虫刺吸等造成的各种伤口，加剧病害的发生程度，但伤口不是侵染的唯一途径。另外，由于土壤瘠薄、林地内低洼积水等原因导致的树木生长不良，均能加重枯梢的发生。

防治方法：① **林业措施**：a．适地适树，尽量减少大面积种植纯林。b．选用抗病品种。c．注意林地肥料、水分管理，使其立地条件不利于病害的发生。d．清除病枝、病叶，使林分通风透光，降低湿度，以减少发病。② **化学防治**：a．在发病初期可喷施铜制剂（如：30% 氧氯化铜悬浮剂），或波尔多液［如：倍量式波尔多液为 1：1：100（波尔多液）由 1 斤硫酸铜、1 斤生石灰、100 斤水配出来，通常使用浓度为 200～240 倍液，半月喷一次］。b．使用 50% 甲基托布津可湿性粉剂 800～1000 倍液，或 50% 多菌灵可湿性粉剂 500～800 倍液喷雾防治。

松梢枯病危害状

马尾松赤枯病

马尾松赤枯病症状

病原：枯斑盘多毛孢 *Pestalotia funerea* Desm。半知菌亚门 Deuteromycotina，腔孢纲 Coelomycetes，盘菌目 Melanconiales，盘菌科 Melanconiaceae，盘多毛孢属 *Pestalotia*。

危害寄主：马尾松、湿地松、火炬松、加勒比松、云南松、黄山松等松属植物及杉苗。

危害症状：受害叶初为褐黄色或淡黄棕色段斑，也有少数呈浅绿到浅灰绿色，后变淡棕红色，或棕褐色，最后呈浅灰色或暗灰色稍凹陷或不凹陷的病斑，边缘褐色。共有叶尖枯死型、叶基枯死型、段斑枯死型和金针枯死型四种症状。

发病规律：分生孢子盘黑色，初埋生于寄主表皮下，后外露，散生于叶面。分生孢子梭形，5个细胞，分隔处缢缩，中间3个细胞污褐色，两端细胞圆锥形，无色，顶端有2～4根无色刺毛，基部有长约5～7微米无色细柄。分生孢子梗短。以分生孢子和菌丝体在树上病叶中越冬。在落地病叶上越冬者极少，且全部以分生孢子越冬。翌年5月上旬，分生孢子开始散放。以6月及7月捕捉量最多，5月及8月次之，11月基本停止散放。一般雨天或雨后捕捉孢子量最多，晴天较少。林缘、树梢及树冠，比林内、冠下及冠内发病重。

防治方法：① **林业措施**：加强营林措施，增强松树抗病力，清除病原，隔断侵染源。② **化学防治**：a．清晨或傍晚用 621 硫烟剂加硫黄细粉（按 8：2 比例均匀混合而成）防治效果最好，防治效果达 91%～95%，741 烟剂防治效果达 88%～92%。b．5% 可湿性退菌特粉、退菌特重烟剂和 621 菲醌烟剂也均有一定效果。烟剂防治本病宜于 6 月进行，用量每公顷 11～15 千克，一年一次即可。如遇赤枯病和赤落叶病或落叶病混生的林分，需在 6 月和 8 月各放一次，各一次用药量应适当增加。③ **烟雾为载体的抗生细菌防治**：两种抗生细菌（代号 P751 和 Bc752 菌株）制剂农丰菌，经 130 公顷一次性喷雾防治试验，防治马尾松种子园赤枯病相对效果达 35.9%～74.2%，实际效果为 51.3%～52.3%。防治火炬松幼林赤枯病实际效果为 46.8%～64.9%。每亩用原菌液 137～410 毫升（浓度为 45.5～108cfu/ml 和 7×108cfu/ml），比用烟剂防治降低费用 47%～83%，而不污染环境，对人畜安全，比烟剂更适合种子园赤枯病防治。④ **撒灰及叶面喷雾防治**：适当的杀菌剂：使用 50% 甲基托布津可湿性粉剂 800～1000 倍液，或 50% 多菌灵可湿性粉剂 500～800 倍液，在早春 5 月初进行喷雾防治，每月一次，连续 2～3 次。

马尾松赤枯病危害状

罗汉松叶枯病

罗汉松叶枯病症状

病原：罗汉松拟盘多毛孢 *Pestalotia podocarpi* Laughton。属于半知菌亚门 Deuteromycotina，腔孢纲 Coelomycetes，黑盘孢目 Melanconiales，黑盘孢科 Melanconiaceae，多毛孢属 *Pestalotia*。

危害寄主：罗汉松。罗汉松常见病害之一。

危害症状：病害早期多在嫩梢部位的叶片上发生。叶片发病又多从叶尖、叶缘开始，向叶基扩展，病斑条形或不规则形，灰褐色至灰白色，边缘淡红褐色，病健交界处明显。病枯斑大多达叶片的 1/2 或 2/3，严重的整个梢头的叶片枯死，形成枝条干枯或大部分叶片死亡。后期病部长出扁平的小黑点，此为病菌的分生孢子盘。

发病规律：病菌的分生孢子盘成熟时突破叶片表皮，涌出灰黑色的分生孢子进行侵染传播。分生孢子盘直径为 195～255 微米，分生孢子纺锤形，有 5 个细胞，细胞分隔处稍缢缩，中间 3 个细胞橄榄色，两端细胞无色，顶端附属丝 2～3 根，长 16.1～23.0 微米，宽 5.9～6.9 微米。分生孢子萌发适宜温度约为 25℃。病菌以菌丝体或分生孢子在病叶或落叶上越冬。第二年春产生分生孢子，借风雨传播。病害每年 3 月开始发生，11 月基本停止。夏秋多雨、潮湿天气，尤其是在台风雨后发病最重。植株过密，通风不良，或栽植在迎风口处，或遭日灼、冻害、风害造成伤口多，都会加重病情。

防治方法：① **营林措施**：清除病枝、叶集中烧毁，以减少初侵染源。② **化学防治**：发病前喷 1% 波尔多液保护（1% 等量式波尔多液配制为硫酸铜：生石灰：水 =1：1：100）。发病期间可交替喷洒 50% 代森铵水剂（水溶液）800～1000 倍液，或 75% 百菌清可湿性粉剂 600～800 倍液，或 30% 氧氯铜悬浮剂 600～800 倍液。

罗汉松叶枯病危害状

棕榈炭疽病

棕榈炭疽病症状

病原：刺盘孢菌 *Colletotrichum mouteritinii* Tres.。属于半知菌亚门 Deuteromycotina，腔孢纲 Coelamycetes，黑盘孢目 Melanconiales，黑盘孢科 Melanconiaceae，刺盘孢属 *Colletotrichum*。

危害寄主：海枣、多种棕榈植物。

危害症状：病害发生在叶片上，病菌多从叶尖侵入，呈黑褐色，扩展以后病斑呈椭圆形至不规则形，边缘稍起呈黑褐色，内为灰白色或至灰黄色，至后期病斑连成一片呈干枯状，并出现灰黑色颗粒状小点，此即病原菌的分生孢子盘。

棕榈炭疽病病斑

发病规律：病菌存活在寄主表皮下或角质层下。此病常发生于露天栽培的植株上。翌年 4 ~ 5 月湿度大，湿度升高，病斑上形成分生孢子盘，产生大量分生孢子，此时借风雨、浇水、昆虫等传播，常从伤口处侵染。当遇高温干燥后，再遇高温潮湿的环境条件即发病严重。

防治方法：① 营林措施：加强水肥管理，提高林分抗性。② 化学防治：喷药保护，每 7 ~ 10 天喷施 1% 等量式波尔多液、或 60% 炭疽福美 500 ~ 800 倍液，或 50% 退菌特可湿性可湿性粉剂 500 ~ 600 倍液，或 50% 多菌灵可湿性可湿性粉剂 600 ~ 800 倍液进行喷雾防治。

棕榈炭疽病症状

鸡蛋花锈病

鸡蛋花锈病症状

病原：鸡蛋花鞘锈菌 *Coleosporium plumeria* Pat.。属于担子菌亚门 Basidiomycotina，冬孢子纲 Teliomycetes，锈菌目 Uredinales，栅锈菌科 Melampsoraceae，鞘锈菌属 *Coleosporium*。

危害寄主：白鸡蛋花、凹头鸡蛋花、克鲁格鸡蛋花、黄鸡蛋花、顿叶鸡蛋花和红鸡蛋花等鸡蛋花属植物，也危害圆柏。

危害症状：病害早期多发生于嫩梢。叶片发病又多从叶尖、叶缘向叶基扩展，病斑灰褐色至灰白色，边缘淡红褐色，病健交界处明显。病枯斑大多达叶片的 1/2 或 2/3 处，严重的整个梢头的叶片枯死。后期病部长出扁平的小黑点，此为病菌的分生孢子盘。

鸡蛋花锈病症状（叶正面和背面）

发病规律：病菌的分生孢子盘成熟时突破叶片表皮，涌出灰黑色的分生孢子进行侵染传播。分生孢子盘直径 195 ~ 255 微米，分生孢子纺锤形，有 5 个细胞，细胞分隔处稍缢缩，中间 3 个细胞橄榄色，两端细胞无色，顶端附属丝 2 ~ 3 根，长 16.1 ~ 23.0 微米，宽 5.9 ~ 6.9 微米。分生孢子萌发适宜温度约为 25℃。病菌以菌丝体或分生孢子在病叶或落叶上越冬。第二年春产生分生孢子，借风雨传播。病害每年 3 月开始发生，11 月基本停止。夏秋多雨、潮湿天气，尤其是在台风雨后发病最重。植株过密，通风不良，或栽植在迎风口处，或遭日灼、冻害、风害造成伤口多，都会加重病情。

防治方法：① **营林措施**：清除病枝、叶集中烧毁，以减少初侵染源并加强水肥管理，提高林分抗性。② **化学防治**：a. 发病前每 7 ~ 10 天喷施 1% 等量式波尔多液保护（1% 等量式波尔多液配制为硫酸铜：生石灰：水 =1：1：100）。b. 使用炭疽福美 500 ~ 800 倍液，或 50% 退菌特可湿性粉剂 500 ~ 600 倍液，或 50% 多菌灵可湿性可湿性粉剂 600 ~ 800 倍液进行喷雾防治。

鸡蛋花锈病危害状

樟树炭疽病

樟树炭疽病病斑　　　　　　　　　　　　　　　　樟树炭疽病病斑

病原：小丛壳菌 *Glomerella cingulata* (Stonem.) Spauld et Schrenk。有性世代：子囊菌亚门 Ascomycotina，核菌纲 Pyrenomycetes，球壳目 Sphaeriales，疗座霉科 Polystigmataceae，小丛壳属。无性世代：半知菌亚门 Deuteromycotina，腔孢纲 Coelomycetes，黑盘孢目 Melanconiales，黑盘孢科 Melanconiaceae，刺盘孢属 *Glomerella*。

危害寄主：樟树、阴香、茶树、桃花心木等。是樟树苗圃及幼树常见而较重的病害之一。

危害症状：樟树炭疽病大树一般感病较轻。罹病植株生长势衰弱，枯枝、枯梢多，幼苗和幼树，多从顶梢起逐渐干枯至基部，严重的整株死亡。本病危害叶片、侧枝和果实。枝条被害主要表现为枯梢；幼茎上的病斑圆形或椭圆形，大小不一，初为紫褐色，渐变黑褐色，病部下陷，以后互相融合，枝条变黑枯死。重病株上的病斑沿主干向下蔓延，最后整株死亡；叶片、果实上的病斑圆形，融合后成不规则形，暗褐色至黑色；嫩叶往往皱缩变形。遇到潮湿天气，在嫩枝、叶片的病斑上可看到淡桃红色的分生孢子盘，在春夏之交，病部上有时出现有性世代子囊壳。

发病规律： 子囊壳球形或扁球形，顶端有孔口；子囊棍棒状，无柄；子囊孢子长椭圆形或梭形，无色，稍弯曲，排成不规则两列。在培养基上形成的子囊壳、子囊、子囊孢子较大。无性世代分生孢子盘埋生于寄主表皮下，后突出表皮；刚毛暗褐色，有分隔；分生孢子梗无色，少有分枝；分生孢子椭圆形至长椭圆形或卵形，单胞，无色。以分生孢子盘或子囊壳在病株组织或落叶上越冬。高温、高湿有利于本病的发生。春、夏、秋季发病较多，冬季发病较轻。土壤干旱瘠瘠的地方发病较多。幼树比老树、种植密度小比种植密度大发病重。病菌的适宜发育温度 22 ~ 25℃，12℃以下或 38℃以上停止萌发。

防治方法： ① **营林措施：** a．选择排水良好，土壤肥沃湿润的地方并施足基肥种植。b．要适当密植，注意通风透光，减少发病。c．剪除病枝、病叶，集中烧毁，并用波尔多液涂封枝干伤口，防止病菌侵染。② **化学防治：** 在新叶、新梢期喷洒 1% 波尔多液保护（1% 等量式波尔多液配制为硫酸铜：生石灰：水 =1 ： 1 ： 100）。发病期使用 75% 百菌清可湿性粉剂 500 ～ 600 倍液，或 50% 炭疽福美可湿性粉剂 500 ～ 600 倍液喷雾。每隔 10 ～ 15 天喷 1 次，喷 2 ～ 3 次。

樟树炭疽病症状

大叶相思白粉病

大叶相思白粉病症状

病原：大叶相思粉孢菌 *Oidium* sp.，属于子囊菌亚门 Ascomycotion，核菌纲 Pyrenomycetes，白粉菌目 Erysiphales，白粉菌科 Erysiphaceae，粉孢属 *Oidium*。

危害寄主：大叶相思，大叶相思和飞扬草可以相互接种感染。是大叶相思苗圃和幼林常见病害之一。

危害症状：主要危害嫩叶和幼芽。初期在叶片上产生半透明斑点，以后病部上铺满白色菌丝和分生孢子。叶片扭曲、皱缩，变色，严重的干枯死亡，但不脱落。流行期过后，轻病叶常残留经久不退的黄褐色病斑。

大叶相思白粉病症状

发病规律：病菌大都长于叶片表面，以菌丝侵入寄主表皮细胞内吸收养分，靠分生孢子反复传播危害。有性阶段尚未发现。分生孢子卵形或椭圆形，单胞、无色、单生，少连生。分生孢子梗圆柱形，无色，有数个分隔。分生孢子在 22 ～ 28℃和 85 ～ 100% 相对湿度下，萌发率最高。适宜温度下，湿度越大，萌发率越高。室内萌芽以散射光最为适宜。分生孢子在离体叶片上经 5 ～ 7 天，即失去萌芽能力。孢子萌发时，从一端或两端产生芽管，芽管顶端常见到有数个分瓣的掌状附着胞。大叶相思白粉病多发生在 1 ～ 4 年生的苗木或幼树上，一般不侵染大树。只危害大叶相思，不危害相思树，主要与叶片角质层厚薄有关。1 年生的大叶相思嫩叶的角质层厚度为 3.4 微米，老叶为 6.0 微米；5 年生大叶相思嫩叶角质层厚度为 4.5 微米，老叶为 6.1 微米。而 1 至 5 年生的台湾相思的嫩叶和老叶的角质层，厚度均在 5.8 ～ 8.1 微米之间。淡绿色的嫩叶角质层厚度在 3.4 微米以下，病菌最易侵入，而浓绿色的老叶角质层厚度在 4.5 微米以上，病菌则很难侵入。白粉病在 12 月初开始发生，4 ～ 6 月最严重，8 月以后便不发生。适宜的温度、阴雨连绵的天气，此病最易流行。由于病叶不易脱落，病菌常以菌丝潜伏在寄主叶片上越冬，来春可侵染新叶片。

防治方法：① **人工防治**：摘除黄褐色花斑的病叶，集中烧毁。② **营林措施**：合理施肥，防止苗木徒长，提高林木抗性。③ **化学防治**：使用 50% 甲基托布津可湿性粉剂 600 ～ 800 倍液，或 50% 多菌灵可湿性粉剂 500 ～ 800 倍液，或 50% 敌菌灵可湿性粉剂 400 ～ 600 倍液进行喷雾防治。

大叶相思白粉病危害状

参考文献

References

［1］ 岑炳沾，苏星. 景观植物病虫害防治［M］. 广州：广东科技出版社，2003.

［2］ 陈一心. 中国动物志 昆虫纲 第十六卷 鳞翅目 夜蛾科［M］. 北京：科学出版社，1999.

［3］ 陈泽藩，杨肇兴，徐家雄，等. 十五种松树对松突圆蚧抗性的初步研究［J］. 森林病虫通
讯，1988，（2）：1—3.

［4］ 陈仲梅，齐桂臣. 拉汉英农业害虫名称［M］. 北京：科学出版社，1999.

［5］ 丁德诚，潘务耀，唐于颖，等. 松突圆蚧花角蚜小蜂的生物学［J］. 昆虫学报，1995，38
（1）：46—53.

［6］ 古建明. 中山市五桂山昆虫彩色图鉴上册［M］. 广州：中山大学出版社，2012.

［7］ 古建明. 中山市五桂山昆虫彩色图鉴下册［M］. 广州：中山大学出版社，2012.

［8］ 顾茂彬，王宝生，李意德，杨曾奖. 松突圆蚧对马尾松危害程度与生态因子关系的研究
［J］. 林业科学研究，1990，（6）：562—567.

［9］ 顾茂彬. 南岭蝶类生态图鉴［M］. 广州：广东科技出版社，2018.

［10］ 郭振中. 贵州农林昆虫志卷2［M］. 贵州：贵州人民出版社，1989.

［11］ 国家林业局. 中国林业检疫性有害生物及检疫技术操作办法［M］. 北京：中国林业出版
社，2005.

［12］ 韩红香，薛大勇. 中国动物志 昆虫纲 第五十四卷 鳞翅目 尺蛾科 尺蛾亚科［M］. 北
京：科学出版社，2011.

［13］ 胡炽海. 松突圆蚧危害与马尾松松酯损失量关系的研究［J］. 广东林业科技，1992，
（4）：25—28

［14］ 湖南省林业厅. 湖南森林昆虫图鉴［M］. 湖南：湖南科学技术出版社，1992.

［15］ 华立中，等. 中国天牛（1406种）彩色图鉴［M］. 广州：中山大学出版社，2009.

［16］ 黄邦侃. 福建昆虫志 第一卷［M］. 福建：福建科学技术出版社，1999.

［17］ 黄邦侃. 福建昆虫志 第二卷［M］. 福建：福建科学技术出版社，1999.

［18］ 黄邦侃. 福建昆虫志 第四卷［M］. 福建：福建科学技术出版社，2001.

［19］ 黄邦侃. 福建昆虫志 第五卷［M］. 福建：福建科学技术出版社，2001.

［20］ 黄邦侃. 福建昆虫志 第六卷［M］. 福建：福建科学技术出版社，2002.

［21］ 黄复生. 海南森林昆虫［M］. 北京：科学出版社，2002.

［22］ 黄复生，等. 中国动物志昆虫纲第十七卷等翅目［M］. 北京：科学出版社，2000.

［23］ 黄金水、何学友. 中国木麻黄病虫害［M］. 北京：中国林业出版社，2012.

［24］ 江世宏，王书永. 中国经济叩甲图志［M］. 北京：中国农业出版社，1999.

［25］ 蒋书楠. 中国经济昆虫志 第三十五册［M］. 北京：科学出版社，1985.

［26］ 李桂祥. 中国白蚁及其防治［M］. 北京：科学出版社，2002.

［27］ 李鸿昌，夏凯龄. 中国动物志 昆虫纲 第四十三卷 直翅目 蝗总科 斑腿蝗科［M］. 北京：科学出版社，2006.

［28］ 李宽胜. 中国针叶树种实害虫［M］. 北京：中国林业出版社，1999.

［29］ 李丽莎. 云南天牛［M］. 云南：云南科技出版社，2009.

［30］ 李奕震，郑柱龙，谢治芳，等. 背沟彩丽金龟的生物学特性和防治的研究［J］. 北京：林业科学研究，2008，21（3）：386—390

［31］ 李振宇，解焱. 中国外来入侵种［M］. 北京：中国林业出版社，2002.

［32］ 梁承丰. 松突圆蚧天敌研究初报［J］. 林业科技通讯，1988，（6）：20—24.

［33］ 梁承丰. 中国南方主要林木病虫害测报与防治［M］. 北京：中国林业出版社，2003.

［34］ 刘建锋，童国建，邱国森，等. 斑点黑蝉对马占相思的危害与防治［J］. 林业开发，2005，19（6）：78.

［35］ 刘清浪，何雪香，张欣泉，等. 松突圆蚧发育起点温和有效积温的测定及应用［J］. 中南林学院学报，1990，10（2）：149—154.

［36］ 刘清浪，何雪香，张欣泉，等. 松突圆蚧向北蔓延可能性的研究［J］. 广东林业科技，1992，（2）：6—14.

［37］ 刘文爱，范航清. 广西红树林主要害虫及其天敌［M］. 广西：广西科学技术出版社，2009.

［38］ 刘友樵，李广武. 中国动物志 昆虫纲 第二十七 卷鳞翅目 卷蛾科［M］. 北京：科学出版社，2002.

［39］ 刘友樵等. 中国动物志 昆虫纲 第四十七 卷鳞翅目 枯叶蛾科［M］. 北京：科学出版社，2006.

［40］ 罗辑等. 广西发现重要桉树食叶害虫——杧果天蛾［J］. 中国森林病虫，2015，5（34）：5—7.

［41］ 潘务耀，唐子颖，陈泽藩，等. 松突圆蚧生物学特性及防治的研究［J］. 森林病虫通讯，

1989，（1）：1—6.

[42] 潘务耀，唐子颖，余海滨，等. 新传入我国的湿地松粉蚧研究［J］. 林业科学研究，1995，（8）：67—72.

[43] 潘志萍，曾玲，叶伟峰. 湿地松粉蚧的天敌及生物防治［J］. 中国生物防治，2002，18（1）：36—38.

[44] 蒲富基. 中国经济昆虫志 第十九册 鞘翅目 天牛科（二）［M］. 北京：科学出版社，1980.

[45] 祁述雄. 中国桉树（第2版）［M］. 北京：中国林业出版社，2002.

[46] 邱强. 中国果树病虫原色图鉴［M］. 河南：河南科学技术出版社，2004.

[47] 任辉等. 湿地松粉蚧本地寄生天敌—粉蚧长索跳小蜂［J］. 昆虫天敌，2000，22（3）：140—143.

[48] 苏星，仪向东，邓常发，等. 松茸毒蛾发生规律及其防治的初步研究［J］. 华南农学院学报，1981，2（2）：58—69

[49] 谭娟杰，虞佩玉，赵养昌，等. 中国经济昆虫志 第十八册 鞘翅目 叶甲总科（一）［M］. 北京：科学出版社，1980.

[50] 童国健，唐子颖，潘务耀. 松突圆蚧自然种群数量消长规律的初步研究［J］. 林业科技通讯，1988，（2）：6—11.

[51] 王伯荪，王勇军，廖文波. 外来杂草薇甘菊的入侵生态及其治理［M］. 北京：科学出版社，2004.

[52] 王弘复，王林瑶. 中国动物志 昆虫纲 第五卷 鳞翅目 蚕蛾科 大蚕蛾科 网蛾科［M］. 北京：科学出版社，1996.

[53] 王平远. 中国蛾类图鉴 I ［M］. 北京：科学出版社，1981.

[54] 王平远. 中国蛾类图鉴 II ［M］. 北京：科学出版社，1982.

[55] 王平远. 中国蛾类图鉴 III ［M］. 北京：科学出版社，1982.

[56] 王平远. 中国蛾类图鉴 IV ［M］. 北京：科学出版社，1983.

[57] 王平远. 中国经济昆虫志 第二十一册 鳞翅目 螟蛾科［M］. 北京：科学出版社，1980.

[58] 吴时英. 城市森林病虫害图鉴［M］. 上海：上海科学技术出版社，2005.

[59] 吴士雄，陈芝卿，王铁华. 柚木野螟的初步研究［M］. 北京：昆虫学报，1979，22（2）：156—163

[60] 伍建芬. 松突圆蚧形态［J］. 广东林业科技，1990，（6）：3—5

［61］ 伍有声，高泽正. 豹尺蛾生活习性初报［J］. 中国森林病虫，2004，32（5）：

［62］ 武春生. 中国动物志 昆虫纲 第二十五卷 鳞翅目 凤蝶科［M］. 北京：科学出版社，
    2001.

［63］ 奚福生，罗基同，李贵玉等. 中国桉树病虫害及害虫天敌［M］. 广西：广西科学技术出版
    社，2007.

［64］ 萧采瑜，等. 中国蝽类昆虫鉴定手册 第一册 半翅目 异翅亚目［M］. 北京：科学出版
    社，1977.

［65］ 萧刚柔. 拉汉英昆虫蜱螨蜘蛛线虫名称［M］. 北京：中国林业出版社，1997.

［66］ 萧刚柔. 中国森林昆虫［M］. 北京：中国林业出版社，1983.

［67］ 萧刚柔. 中国森林昆虫第2版（增订本）［M］. 北京：中国林业出版社，1992.

［68］ 忻介六，夏松云. 英汉昆虫俗名词汇［M］. 湖南：湖南人民出版社，1978.

［69］ 徐公天、杨志华. 中国园林害虫［M］. 北京：中国林业出版社，2007.

［70］ 徐公天. 园林植物病虫害防治原色图谱［M］. 北京：中国农业出版社，2003.

［71］ 徐家雄，丁克军，司徒荣贵. 湿地松粉蚧生物学特性的初步研究［J］. 广东林业科技，
    1992，（4）：22—24.

［72］ 徐家雄，余海滨，方天松，黄茂俊. 湿地松粉蚧生物学特性及发生规律研究［J］. 广东林
    业科技，2002，18（2）：1—6.

［73］ 徐家雄，余海滨，方天松，黄茂俊. 湿地松粉蚧生物学特性及发生规律研究［J］. 广东林
    业科技，2002，（4）：1—6.

［74］ 徐家雄. 白兰台湾蚜的生物学特性及其防治［J］. 广东林业科技，1987，（1）：22.

［75］ 徐天森、王浩杰. 中国竹子主要害虫［M］. 北京：中国林业出版社，2004.

［76］ 杨星科. 广西十万大山地区昆虫［M］. 北京：中国林业出版社，2004.

［77］ 杨子琦、曹华国. 园林植物病虫害防治图鉴［M］. 北京：中国林业出版社，2002.

［78］ 余倩珠，岑炳沾. 大叶相思白粉病叶状柄病理解剖和抗病性研究［J］. 华南农业大学学
    报，1990，（4）：72—78.

［79］ 昝启杰、李鸣光. 薇甘菊防治实用技术［M］. 北京：科学出版社，2010.

［80］ 张丽霞，周双云，张远辉. 迁粉蝶严重危害决明属植物［J］. 植物保护，2003，（1）：60.

［81］ 张丽霞、管志斌、管艳红. 马洁榕母管蓟马危害榕树盆景［J］. 植物保护，2004，
    （1）：80—90.

［82］ 张润志，任立，曾玲. 警惕外来危险害虫褐纹甘蔗象入侵［J］. 昆虫知识，2002，

（6）：471—472.

［83］ 张巍巍. 常见昆虫野外识别手册［M］. 重庆：重庆大学出版社，2007.

［84］ 张心结，李奕震. 湿地松粉蚧危害对湿地松生长的影响［J］. 华南农业大学学报，1997，
（2）：43—48.

［85］ 张芝利. 中国经济昆虫志 第二十八册 鞘翅目 金龟子总科幼虫［M］. 北京：科学出版
社，1984.

［86］ 章士美，赵泳祥. 中国农林昆虫地理分布［M］. 北京：中国农业出版社，1996.

［87］ 章士美. 中国经济昆虫志第三十一册半翅目（一）［M］. 北京：科学出版社，1985.

［88］ 赵梅君，李利珍，汤亮，胡佳耀. 多彩的昆虫世界：中国600种昆虫生态图鉴［M］. 上
海：上海科学普及出版社，2005.

［89］ 赵养昌，陈元清. 中国经济昆虫志 第二十册 鞘翅目 象虫科（一）［M］. 北京：科学出
版社，1980.

［90］ 赵仲苓. 中国动物志 昆虫纲 第三十卷 鳞翅目 毒蛾科［M］. 北京：科学出版社，2003.

［91］ 赵仲苓. 中国经济昆虫志 第十二册 鳞翅目 毒蛾科［M］. 北京：科学出版社，1978.

［92］ 曾玲，陆永跃，陈忠南. 红火蚁监测与防治［M］. 广州：广东科技出版社，2005.

［93］ 郑哲民. 中国动物志 昆虫纲 第十卷 蝗总科 斑翅蝗科 网翅蝗科［M］. 北京：科学出版
社，1998.

［94］ 中国林业科学研究院. 中国森林病害［M］. 北京：中国林业出版社，1984.

［95］ 周昌清，潘务耀，杨瑞华，等. 引进天敌防治湿地松粉蚧的展望［J］. 昆虫天敌，1994，
（3）：114—118.

［96］ 周世芳. 油桐丽盾蝽生物学特性［J］. 广西植保，1994（4）：12—14.

［97］ 周尧，路进生，黄桔，等. 中国经济昆虫志 第三十六册 同翅目 蜡蝉总科［M］. 北京：
科学出版社，1985.

［98］ 周尧. 中国蝶类志（修订本）上册［M］. 河南：河南科学技术出版社，2000.

［99］ 周尧. 中国蝶类志（修订本）下册［M］. 河南：河南科学技术出版社，2000.

［100］ 周尧. 中国蝴蝶原色图鉴［M］. 河南：河南科学技术出版社，1999.

［101］ 朱弘复，等. 中国动物志 昆虫纲 第十一卷 鳞翅目 天蛾科［M］. 北京：科学出版社，
1997.

［102］ Clarke，S，R. Effects of four Pyethroids on scale insect（Homoptera）population and
their natural enemies in loblolly and shortleaf pine seed orchards［J］ *Journal of economic*

Entomology，1992，85（4）：1246—1252

［103］ Gordon，R，D. The Coccinellidae（Coleoptera）in America North of Mexico［J］*Journal of the New York Entomological Society*，1985，（1）：1—19

［104］ Hua，Li-zhong. List of Chinese insects vol. Ⅰ［M］Guangzhou：Zhongshan University Press，2000.

［105］ Hua，Li-zhong. List of Chinese insects vol. Ⅱ［M］Guangzhou：Zhongshan University Press，2002.

［106］ Hua，Li-zhong. List of Chinese insects vol. Ⅲ［M］Guangzhou：Zhongshan University Press，2005.

［107］ Jianghua，Sun，Gary，L，DeBarr，Tong-xian，Liu，C，Wayne，Berisford，and，Stephen，R，Clarke. An unwelcome Guest in China A Pine—Feeding Mealybug［J］*Journal of Forestry*，1966，94（10）：27—32

［108］ McClure，M，S，D，L，Dshlsten，G，L，DeBarr，and，R，L，Hedden. Control of pine bast scale in China［J］*Joural of Foretry*，1983，81（7）：445—450

［109］ Neuenschwander，P，Hammond，W. Natural enemy activity following the introduction of Epidinocarsis lopezi（Hymenoptera：Encyrtidae）against the cassava mealybug，Phenacoccus manihoti（Homoptera：Pseudococcidae），in southwestern Nigeria［J］*Environmental Entomology*，1988，17（5）：894—902

［110］ Sun，jianghua，Clarke，S，R，DeBar，G，L，Berisfoed，C，W，Sun，J，H. Yellow sticky traps for monitoring males and two parasitoids of Oracella acuta（Lobdell）（Homoptera：Pseudococcidae）［J］*Joural of Entomological Science*，2002，37（2）：177—181

［111］ Tachikawa，T. A new and economically important species of Coccobius（Hymenoptera：Aphelinidae）parasitic on Hemiberleria pitysophila takagi（Homoptetra：Diaspididae）in Okinawa，Japan［J］*Transactions of the Shikoku Entomological Society*，1988，（19）：67—71

［112］ Viggiani，G. Bionomics of the Aphelinidae［J］*Annual Review of Entomology*，1984，（29）：247—276

中文名索引
Index to Chinese Names

学名（拉丁名）索引

Index to Scientific Names